沟道型泥石流的动力机制及数值模拟

乐茂华 著

www.waterpub.com.cn

·北京·

内 容 提 要

本书以沟道型泥石流为研究对象，深入揭示了沟道型泥石流的动力机制，总结了沟道型泥石流的数值模拟方法。主要内容包括：泥石流研究概述、沟道型泥石流的动力特征、形成与演进机理，以及沟道型泥石流的一维、二维数值模拟方法。

本书可供从事泥石流、泥沙运动、地质灾害及地貌学研究的科研人员和高等院校相关专业的师生参考。

图书在版编目（CIP）数据

沟道型泥石流的动力机制及数值模拟 / 乐茂华著. 北京 : 中国水利水电出版社, 2024. 12. -- ISBN 978-7-5226-3078-6

Ⅰ．P642.23

中国国家版本馆CIP数据核字第2025FX5002号

书　　名	**沟道型泥石流的动力机制及数值模拟** GOUDAOXING NISHILIU DE DONGLI JIZHI JI SHUZHI MONI
作　　者	乐茂华　著
出版发行	中国水利水电出版社 （北京市海淀区玉渊潭南路1号D座　100038） 网址：www.waterpub.com.cn E-mail: sales@mwr.gov.cn 电话：（010）68545888（营销中心）
经　　售	北京科水图书销售有限公司 电话：（010）68545874、63202643 全国各地新华书店和相关出版物销售网点
排　　版	中国水利水电出版社微机排版中心
印　　刷	天津嘉恒印务有限公司
规　　格	170mm×240mm　16开本　9印张　176千字
版　　次	2024年12月第1版　2024年12月第1次印刷
定　　价	**68.00元**

凡购买我社图书，如有缺页、倒页、脱页，本社营销中心负责调换

版权所有·侵权必究

前言

泥石流是一类常见的山地自然灾害现象，其分布主要受气候、地质和地貌控制，且在一定的外力作用下，表现出局部区域性特点。随着全球极端气候频现和地震带活动加强，泥石流灾害不断发生，泥石流在发展演进过程中对其影响范围内的人类生命财产、基础设施和生态环境等造成了严重危害，主要形式包括淤埋、冲毁、撞击、堵塞河道等。

泥石流是一种由山区坡地上或沟道内的松散岩土体和水体在重力作用下发展而成的快速运动的地质过程现象。根据泥石流形成的地貌形态特征，可将其划分为坡面型和沟道型两类，前者通常由浅层滑坡发展而成，规模较小；后者由沟道内堆积体侵蚀或堵塞体溃决形成，规模较大且危险性高，为本书研究对象。根据地貌演化过程中不同泥沙输移现象的特征，泥石流属于短时间尺度的泥沙连通正反馈现象。

泥石流作为一类常见的自然灾害，经常威胁着灾区人民的生命财产安全，严重影响着人们的生产生活环境，研究其动力过程具有重要的实践意义；作为一种活跃的地貌过程，它涉及地貌学、地质学、气象学、水文学、固体力学和流体力学等多学科，探讨其动力机制具有重要的理论价值。由于泥石流是一类介于挟沙水流和滑坡之间的高浓度、宽级配的特殊固液两相非均质流体，在固相力和液相力共同作用下，泥石流的动力过程呈现出由"触发—运动—堆积"等多阶段组成的一系列复杂物理现象，难以野外观测其全过程，因此对其进行数值模拟研究具有重要的辅助作用。

本书系统总结了作者自研究生阶段以来关于沟道型泥石流的研究成果，作者的导师韩其为院士、唐川教授、方春明正高给予了悉心指导，在此深表感谢。本书成稿得到了"十四五"国家重点研发计划青年科学家项目"雅江下游水电开发水生态环境影响评估及调控技术"(项目编号:2022YFC3205000)和国家自然科学基金面上项目"水沙变异条件下雅鲁藏布江中游宽河段洲滩演变机理"(项目编号:52279079)资助。

  限于作者水平,书中欠妥和不足之处在所难免,敬请读者批评指正。

作者

2024 年 11 月

目 录

前言

第 1 章　泥石流研究概述 … 1
1.1　泥石流的定义 … 1
1.2　泥石流的形成机理 … 3
1.3　泥石流的演进机理 … 5
1.4　泥石流的动力模型 … 9
1.5　泥石流的数值模拟 … 12
1.6　本书写作思路及目的 … 14
参考文献 … 15

第 2 章　沟道型泥石流的动力特征 … 25
2.1　泥石流的量纲分析 … 25
2.2　泥石流的能量过程 … 29
2.3　泥石流的输沙特征 … 30
2.4　泥石流的阻力特征 … 32
2.5　典型泥石流动力特征 … 35
参考文献 … 49

第 3 章　沟道型泥石流的形成机理 … 52
3.1　泥石流的形成特征 … 52
3.2　沟道侵蚀起动模式 … 54
3.3　沟道溃决起动模式 … 65
3.4　泥石流预警方法评价 … 77
参考文献 … 78

第 4 章　沟道型泥石流的演进机理 … 81
4.1　泥石流的演进模型 … 81
4.2　泥石流的侵蚀过程 … 92
4.3　泥石流的溃决过程 … 95
4.4　泥石流的三维特征 … 107

参考文献 ··· 116
第 5 章　沟道型泥石流的数值模拟 ··· 120
　5.1　一维数值模拟 ··· 120
　5.2　二维数值模拟 ··· 127
　　参考文献 ··· 135

第 1 章

泥石流研究概述

1.1 泥石流的定义

泥石流是一类常见的山地自然灾害现象，其分布主要受气候、地质和地貌控制，且在一定的外力作用下，表现出局部区域性特点，比如沿深切割地貌屏障迎风坡密集分布、沿强烈地震带成群分布、沿深大断裂带集中分布、沿生态环境严重破坏地带分布等[1-2]。近年来，随着全球极端气候频现和地震带活动加强，泥石流灾害不断发生，泥石流在发展演进过程中对其影响范围内的人类生命财产、基础设施和生态环境等造成了严重危害，主要形式包括淤埋、冲毁、撞击、堵塞河道等[1-2]。

泥石流是我国山区地质灾害中的主要类型之一。自 21 世纪以来，泥石流灾害累计造成我国直接经济损失约达 80 亿元，如图 1-1 所示。2008 年汶川大地震以及 2010 年和 2013 年西南地区暴发的极端暴雨事件，引发了多场规模巨大、危险性极高的特大型泥石流灾害，对当地人民的生命财产和生活环境造成了严重危害。

泥石流是一种由山区坡地上或沟道内的松散岩土体和水体在重力作用下发展而成的快速运动的地质过程现象。根据泥石流形成的地貌形态特征，可将其划分为坡面型和沟道型两类，前者通常由浅层滑坡发展而成，规模较小；后者由沟道内堆积体侵蚀或堵塞体溃决形成，规模较大且危险性高，为本书研究对象。根据地貌演化过程中不同泥沙输移现象的特征，泥石流属于短时间尺度的泥沙连通正反馈现象[3]，如图 1-2 所示。

根据泥石流演化的概化过程图，泥石流地貌过程包含土体失稳、水土混合形成泥石流的两个泥沙连通正反馈现象；泥石流的形成和发展过程可以分解为土体液化失稳、沟床侵蚀形成泥石流、物源积聚三个主要物理过程。

综上所述，泥石流作为一类常见的自然灾害，经常威胁着灾区人民的生命

第 1 章   泥石流研究概述

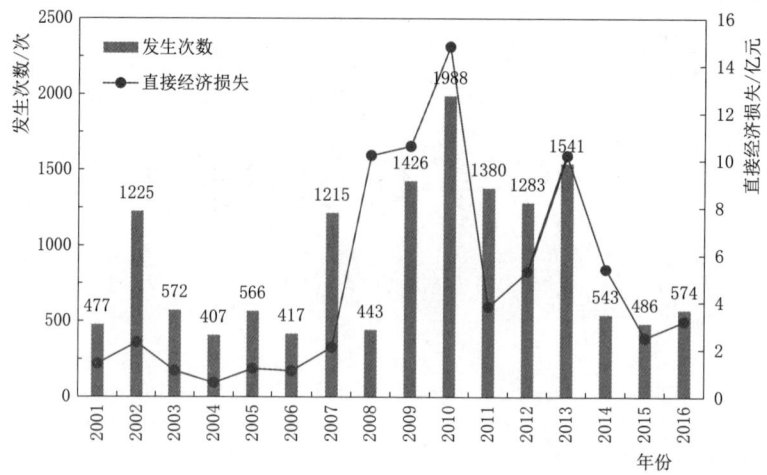

图 1-1   自 21 世纪以来我国泥石流灾害发生次数及其造成的直接经济损失统计情况
（数据来源：《中国国土资源公报》）

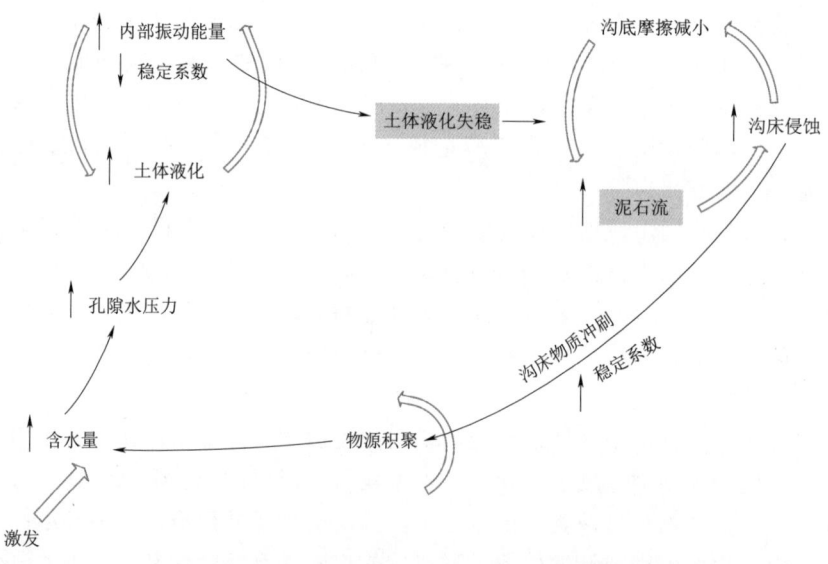

图 1-2   泥石流演化的概化过程（改自 Bracken 等[3]）

财产安全，严重影响着人们的生产生活环境，研究其动力过程具有重要的实践意义；作为一种活跃的地貌过程，它涉及地貌学、地质学、气象学、水文学、固体力学和流体力学等多学科，探讨其动力机制具有重要的理论价值。由于泥石流是一类介于挟沙水流和滑坡之间的高浓度、宽级配的特殊固液两相非均质流体[4]，在固相力和液相力共同作用下，泥石流的动力过程呈现出由"触发—

运动—堆积"等多阶段组成的一系列复杂物理现象，难以野外观测其全过程，因此对其进行数值模拟研究具有重要的辅助作用。

1.2 泥石流的形成机理

泥石流的形成条件包括流域内固体松散物质的储量和陡峻的地形（作为内在要素），以及一定强度的降雨、冰川融雪等水文条件（作为外部诱因）。广义的泥石流形成过程包括由侵蚀搬运形成准泥石流体和准泥石流体起动转变为泥石流两个阶段[5]，其中，前者是一个延续几年、几十年、甚至地质年代，广布于流域形成区的长期过程，是泥石流灾害风险评估的重要对象，属于侵蚀学范畴；后者是一个延续几秒至几十分钟，多集中于沟槽中的短暂过程，是泥石流灾害预警预报的重要对象，属于动力学问题。本书主要研究泥石流形成过程的第二阶段，准泥石流体的起动。

根据泥石流形成的能量来源或动力条件的差异，可以将其划分为不同类型。20 世纪中叶，苏联学者 C. M. 弗莱斯曼通过大量野外调查资料分析，首先将泥石流形成的能量来源划分为动力、重力和动力-重力三类；另一位苏联学者维诺格拉多夫将泥石流形成类型划分为侵蚀型、滑移型和侵蚀-滑移型，并从河床水力学观点出发，分析了泥石流的河床自保护层遭受破坏的力学过程[6]。20 世纪 80 年代，日本学者 Takahashi[7] 根据泥石流形成原因的不同，将其起动类型划分为沟道侵蚀型、滑坡触发型和堵塞体溃决型。从动力学角度考虑，泥石流起动模式大致可分为水力类和土力类两种，20 世纪 80 年代，我国学者钱宁[8] 基于泥沙运动力学理论，通过分析泥沙运动状态随水流强度增加的变化特征，对水力类泥石流的起动模式已有阐述；冯自立等[9] 对国内外学者关于土力类泥石流起动模式的研究成果作了较为系统的评述。

目前，关于沟道型泥石流形成机理的研究主要包括野外观测、物理试验和数学模型等三方面。野外观测通过掌握不同流域概况，结合实时监测仪器收集的数据分析泥石流的起动条件和物理过程；物理试验通过控制泥石流的形成条件，重现泥石流起动过程，同时借助各种技术手段获得各种不同组合条件下泥石流的起动规律[10]。基于野外或试验的直观认识，学者们对于泥石流的形成过程作了多种归纳阐述，比如提出了"消防水管效应"[11,12] "揭底作用"或"滚雪球"[13] "级联溃决"[14] 等现象；Chen 等[15] 根据试验现象将土体失稳形成泥石流概括为径流产生、土体开裂、土体开溜、土体溜滑和泥石流形成五个过程；舒安平等[16] 根据试验现象将泥石流形成过程划分为固体颗粒起动、固体颗粒加速混掺及固液两相流形成三个阶段。近年来，国内外学者通过大量物理试验分析了不同因素对泥石流形成过程的影响规律，根据试验中水源提供方式的不同可将试验分为水流冲刷、人工降雨和坝体溃决三类，见表1-1。

表1-1 不同控制因素影响泥石流形成（起动）过程的试验结论

类别	控制因素	主 要 结 论	文献
水流冲刷试验	液相（泥浆）浓度	随着泥浆浓度增加，泥浆流冲刷卵石床面形成泥石流所需要的最小能量先减小后增大	王兆印等[17]
	起动需水量	对准泥石流体起动影响最大的是细颗粒含量，其次是底床坡降和固相物质重量	解明曙等[18]
	底床坡降、土体饱和度、细颗粒含量	准泥石流体的起动坡降随细颗粒含量和土体饱和度的变化规律均为二次曲线；准泥石流体具有一定的力学性质，其起动表现出多路径特性和发散性	Cui[19]
	土体孔隙率	泥石流形成区松散体的渗透系数与其孔隙率有极显著相关性；可将渗透系数换算成始发降雨强度	王裕宜等[20]
	土体组成、含水量	将土体破坏与泥石流起动联系起来，可以基于有效应力和孔隙水压力的关系解释泥石流的起动过程	Iverson等[21-23]
	底床坡度、颗粒级配、土体饱和度	矿渣型泥石流试验中细颗粒含量为28%，起动需水量最小；废渣堆质量越大、渣堆高度越高，矿渣越易起动；三角形断面较其他形态断面易起动	徐友宁等[24]
	坡降	不同坡降条件下，泥石流的形成模式存在差异；形成过程包括侵蚀揭底、侧蚀崩塌和堵塞溃决等	Zhuang等[25]
	渗流流量	堆积土体颗粒失稳、移动受渗流及水流冲刷共同作用；随着渗流流量增大，土体颗粒经历缓慢小幅滑动、过渡型滑动和快速流滑等阶段	杨顺等[26]
	土体含水量	当土体含水量为1%~5%时，表面径流导致入渗并触发滑坡，进而形成泥石流；当含水量>5%或<1%时，泥石流由缓慢的沟道侵蚀，并伴随堵溃现象发生进而形成泥石流	Hu等[27]
人工降雨试验	黏粒含量	泥石流起动过程中黏性含量具有临界性，随着黏粒含量增加，泥石流起动所需时间先减小后增加	陈中学等[28]
	降雨强度	细颗粒是导致堆积土体内部力学变化及从短暂的流土状态转化为泥石流的主要因素，不同降雨强度产生不同的水土力学作用现象	高冰等[29]
	降雨强度	不同降雨强度下，泥石流起动模式包括土体液化、滑坡转化，以及沟道侵蚀等；泥石流的规模和黏性与降雨强度并不呈现一致性关系	Ni[30]
坝体溃决试验	坝体形态等	坝体溃决形式包括漫顶侵蚀、渗透管涌和滑动破坏	Takahashi等[31]
	坝体组成	溃坝能够改变流体性质、产生溃坝波、塑造沟道等	Capart等[32]
	上游洪水流量	堵塞体溃决形成泥石流，能够显著增大其规模	Zhou等[33]
	上游洪水流量、堵塞形式	不同堵塞形式下，泥石流的形成过程不同；堵塞体溃决可显著增大泥石流规模	Chen等[34]

为了进一步揭示泥石流的形成机制，以及科学地进行泥石流的预测预报，国内外学者通过分析泥石流的形成（起动）过程及其临界条件，提出了多种数学模型。根据模型提出的依据和方法差异，现有的泥石流形成（预警）或起动模型大致可划分为经验性模型、力学模型和水文-力学耦合模型等，见表1-2。

表1-2　　　　　　　　泥石流形成（预警）或起动模型

序号	模 型 公 式	特点与符号说明	文献
1	$f(I, RE, T, AR)$	基于降雨强度（I）、本次累积雨量（RE）、降雨历时（T）和前期累积雨量（AR）等降雨指标建立的泥石流预警经验性模型	Guzzetti等[35]、Zhuang等[36]
2	$P=RT^{0.2}/G^{0.5}$	通过统计分析建立由地形因子（T）、地质因子（G）和降雨因子（R）无量纲形式组成的泥石流发生预报模型	Yu等[37]
3	$A_1S_r^2+A_2S_r+\dfrac{B_2}{C-B_1}+D\theta+F=0$	以沟床坡度、土体饱和度（S_r）和细颗粒含量（C）为控制因素建立泥石流起动的突变模型，A_1、A_2、B_1、B_2、D、F均为系数	崔鹏[38]
4	$\dfrac{\tan\theta}{\tan\varphi}=\dfrac{C_*(\rho_s-\rho_w)}{C_*(\rho_s-\rho_w)+\rho_w\left(1+\dfrac{h}{a}\right)}$	通过力学平衡分析建立泥石流侵蚀起动临界表达式，其中，C_*为固相极限体积浓度，a为沟床可侵蚀层厚度	Takahashi[39]
5	$\dfrac{\partial Q_R}{\partial x}+\dfrac{1}{c}\dfrac{\partial Q_R}{\partial t}=q$	运动波方程计算沟道内径流量，判断泥石流是否发生，Q_R为沟道径流量，c为运动波速度，q为单位沟长损失流量	Berti等[40]

1.3　泥石流的演进机理

泥石流的演进是一个物质和能量不断传递和转变的过程，其中，物质主要包括岩土颗粒体和水体两部分，能量主要来自岩土体自重力和水流或泥浆的水动力。泥石流的演进过程具有显著的非均匀和非恒定等性质，并且伴随着强烈冲淤、阵性发展、颗粒分选等特征[4,41]。泥石流运动阻力机制是描述其演进过程的核心内容，运动阻力决定着泥石流的流速、流深等特征值分布，进而影响沟道内泥沙侵蚀、搬运和堆积特征。研究泥石流演进机理包括阐明其阻力机制、描述其输沙和侵蚀过程等。

一般地，泥石流运动阻力包括沟床形态外部阻力和流体运动内部阻力[42]。泥石流阻力的影响因素包括边界条件、流体流态[43-45]、粗细颗粒组成[46-49]和流体中固体浓度[50]等。泥石流演进过程中产生的颗粒摩擦力、碰撞力和浆体黏滞力、紊动力等都能够不同程度地影响其阻力的形成和发展。国内外研究者通过分析各个源项（应力）对泥石流运动阻力的影响机理，基于研究侧重的物理过程提出了多种泥石流演进的阻力关系式，大致包括经验类、伪一相流理论类和两相流理论类。

经验类公式是指基于明渠流的阻力公式，并根据地区性的实际资料修正而得的泥石流综合阻力经验表达形式，其大多采用泥石流的沟道糙率系数来反映，大致又可分为两类：一是根据长期的实践经验建立的不同条件下泥石流沟道糙率系数表[51,52]；二是通过分析泥石流野外实测和室内试验的结果而建立的关系式，见表1-3。

表1-3　　泥石流运动阻力的经验类公式

序号	公式形式	特点与符号说明	文献
1	$n = 0.035 h^{0.34}$	基于云南蒋家沟泥石流观测资料建立沟道糙率与流深的关系	康志成[53]
2	$\dfrac{1}{n} = 1.62 \left[\dfrac{S_v(1-S_v)}{\sqrt{hJ}\, d_{10}}\right]^{2/3}$	利用野外实测资料建立黏性泥石流的阻力关系式，其中J为沟道坡降、S_v为固相体积浓度、d_{10}为特征粒径	费祥俊[54]
3	$\dfrac{1}{n} = \dfrac{0.56 g^{0.44} Q^{0.11}}{J^{0.33} d_{90}^{0.45}}$	基于砾石床面河流和山洪的野外数据，建立沟道糙率与流量、坡降、重力加速度和特征粒径（d_{90}）的关系	Rickenmann[55]
4	$n = 0.185 h^{0.2} \left(J S_v \dfrac{P_{<2}}{P_{>2}}\right)^{0.4}$	基于蒋家沟和武都县泥石流的野外资料，建立不同地区黏性泥石流阻力的统一表达式，其中，$P_{<2}$为粒径小于2mm的细颗粒含量重量百分比，$P_{>2}$为粒径大于2mm的粗颗粒含量重量百分比	祁龙[56]
5	$f = 0.04 \left(\dfrac{R}{B}\right)^{1/6} [S_v(1-S_v)]^{-2/3}$ $+ 8.56 S_\Delta^{0.479} K^{0.068} F^{-3.39}$	通过水槽试验建立动床条件下泥石流运动阻力的经验表达式，其中，R为水力半径，B为沟槽宽度，S_Δ为动床上固相浓度的变化值，$K = d_{50}/R$为动床的相对糙率，F为弗劳德数	Tian等[57]

由表1-3可知，经验类公式形式简单、易于操作，但由于泥石流运动阻力受多方面因素影响，导致这类方法的实用性也存在较大局限。首先，由于经验类公式具有较强的地域性，不宜推广应用；其次，采用糙率系数反映泥石流的阻力特征本身存在缺陷，一方面其不具备严谨的理论基础支撑，难以与真实情况相符；另一方面糙率系数作为描述阻力的指标具有一定的限制条件，即需要在适当的颗粒相对埋深范围内，糙率系数才能较准确地反映阻力大小，且其在流体运动过程中一般也非定值[58]。

伪一相流理论类公式是指基于流体流变学或颗粒流理论等建立的关系式，它将泥石流视为单相混合体，并假定泥石流中固体颗粒均匀分布于流体之中。

由于这类公式大多只侧重于描述泥石流演进过程中的某些物理特征,因此它们往往仅能够揭示泥石流运动的部分阻力规律。目前,国内外学者建立的此类代表性阻力关系式见表1-4。

表1-4　　　　　　　　泥石流运动阻力的伪一相流理论类公式

序号	公式形式	特点说明	文献
1	$\tau=\tau_B+\mu_B\dfrac{\mathrm{d}u}{\mathrm{d}z}$	黏性阻力对流动起主要作用,适用于颗粒很细,且基本属于层流流态的泥流	Johnson[59]
2	$\tau=\alpha\left(\dfrac{\mathrm{d}u}{\mathrm{d}z}\right)^2$	强调剪切运动引起颗粒之间的离散力支持颗粒运动,适用于水石流,α为系数	Bagnold[60]和Takahashi[39]
3	$\tau=\cos\theta\tan\varphi+\dfrac{u^2}{\xi h}$	假定阻力由库仑摩擦和紊动摩擦组成,当流速缓慢时,以库仑摩擦为主;当流速较快时,以紊动摩擦为主,ξ为系数	Voellmy[61]
4	$\tau=\tau_B+m\left(\dfrac{\mathrm{d}u}{\mathrm{d}z}\right)^n$	综合考虑泥石流体中的黏性、塑性和碰撞等效应对运动阻力的影响,m和n为系数	Chen[62-63]
5	$\tau=\tau_B+\mu_B\dfrac{\mathrm{d}u}{\mathrm{d}z}+C\left(\dfrac{\mathrm{d}u}{\mathrm{d}z}\right)^2$	同时考虑塑性、黏性、碰撞及紊动对阻力的影响,C为紊动系数	O'Brien等[64-65]
6	$\tau=\sigma\tan\varphi$	假定动量交换是在颗粒运动中进行,不考虑流体内部动量交换。较适用于固体浓度高、颗粒间长时间接触的情形	Savage和Hutter[66]
7	$p=p_f+p_d+p_c$	考虑流动中颗粒之间的摩擦和碰撞作用占优,忽略其间气体或液体介质的影响	王光谦等[67]
8	$\tau=\mu(I)\sigma$	建立以惯性参数为变量的摩擦准则$\mu(I)$	MiDi[68]和Jop等[69]

由表1-4中的假定条件可知,尽管所列公式均具有较清晰的物理含义和理论支撑,但它们未考虑实际泥石流中垂向结构和固体颗粒的非均匀性对运动阻力的影响,并且往往将实际情形中泥石流演进的非恒定过程简化成恒定过程。此外,基于伪一相流假定,费祥俊等[70]根据泥沙运动力学理论,从输沙能耗角度提出了一种适用于强紊动连续型泥石流运动阻力计算方法;Berzi等[71]通过分析泥石流阻力源项的数量级认为,大多数泥石流运动阻力源项以颗粒的碰撞和摩擦为主,而流体的黏性力和紊动力可以忽略。Suzuki等[72]基于泥石流演进的双层模型,推导了其床面阻力计算式。

两相流理论类公式是指基于固液两相流理论[73-75]和泥石流基本特性建立的阻力关系式,其将泥石流划分为由水与细颗粒组成的液相和由粗颗粒组成的固相,从而把泥石流运动过程中的力分解为固相力、液相力和相间力。沈寿长[76]基于两相流观点,采用切变率二次多项式描述了泥石流的应力本构关系;王光谦等[77]建立了以固相与液相摩阻坡降之和表达的泥石流阻力坡降公式；Iverson 等[78]认为大多数泥石流演进过程并不遵循特定的应力应变关系，其固相颗粒作用应满足库仑准则，而流动特性随着孔隙水压力、地形和颗粒惯性力变化而变化，建立了泥石流的库仑混合体模型。

泥石流的运动和发展与其输沙和侵蚀过程密切相关，通常地，泥石流的输移方式包括连续型、阵性型和阵性连续型，冲淤形式包括单颗粒起落、成层（或整体）起动和淤积等[45]。实际中，流域地貌演变的输沙过程具有随机性和动态变化等特征[79]，泥石流演进作为典型的不平衡输沙过程，伴随着强烈的侵蚀或淤积作用，Rickenmann[80]较早地引入输沙率概念分析了泥石流的输沙特征，舒安平等[81]推导了具有普遍意义的高含沙水流挟沙力公式。近年来，国内外学者针对泥石流演进过程中的侵蚀机理作了重点研究，比如，Mangeney 等[82]以床面坡降和可侵蚀层厚度为控制变量，进行了干颗粒流侵蚀效应的试验研究；Iverson 等[83]通过大型水槽试验揭示了沟床基质含水率对泥石流侵蚀过程的影响机理；吕立群等[84]通过对比试验分析了沟岸侧蚀对泥石流演进的影响机制。基于泥石流输沙和侵蚀过程的野外调查、物理试验或理论分析等，学者们提出了含有单位沟长侵蚀量 Y_t、侵蚀深度 D_t、侵蚀率 E_t 等概念的泥石流侵蚀定量表达式，见表1-5。

表 1-5　　　　　　　　泥石流侵蚀的定量表达式

序号	公 式 形 式	特点与符号说明	文献
1	$Y_t = D_t B$	经验性概念公式，由侵蚀深度和宽度衡量	Hungr 等[85]
2	$Y_t = \alpha_1 V_0 \dfrac{\rho}{\rho_w}(\sin\theta)^{\alpha_2}$	α_1 和 α_2 均为系数，V_0 为侵蚀段泥石流体体积	Rickenmann 等[86]
3	$Y_t = \alpha_3 \dfrac{V_e}{A_e d_c}$	V_e 和 A_e 为侵蚀体积和面积，d_c 为质心，α_3 为系数	Chen 等[87]
4	$D_t = \dfrac{h(\rho_s \cos^2\theta \tan\varphi - \rho_s \sin\theta \cos\theta - \rho_w \tan\varphi)}{\rho \sin\theta \cos\theta - \rho \cos^2\theta}$	泥石流使得床面孔隙水压增加，从而发生侵蚀	De Joode 等[88]
5	$D_t = \dfrac{c - B(\gamma h \sin\theta + \tau_b)\tan\varphi - \gamma h \sin\theta - \tau_b}{\gamma_s \sin\theta - (\gamma_s - \gamma_w)\cos\theta \tan\varphi}$	沟床基质在泥石流流动剪切和渗流水压耦合作用下发生侵蚀	吴永等[89]
6	$E_t = \begin{cases} \alpha_4 \dfrac{C_e - C_s}{C_* - C_e} \dfrac{hu}{d} & (C_s < C_e) \\ \alpha_5 \dfrac{C_e - C_s}{C_*} \dfrac{hu}{d} & (C_s \geq C_e) \end{cases}$	沟床处于饱和状态时，泥石流固体浓度小于平衡浓度 C_e 时可发生侵蚀；α_4 和 α_5 均为系数	Takahashi 等[90]
7	$E_t = C_* u \tan(\theta - \theta_e)$	泥石流通过床面侵蚀以调整达到平衡坡降 θ_e	Egashira 等[91] 和 Papa 等[92]
8	$E_t = \begin{cases} \alpha_6 \sqrt{u^2 + v^2} & (\tau_b \geq \tau_c) \\ 0 & (\tau_b < \tau_c) \end{cases}$	以泥石流底部切应力为侵蚀判断指标，α_6 为系数	Pitman 等[93]

续表

序号	公 式 形 式	特点与符号说明	文献
9	$E_t = \dfrac{\ln(V_f/V_0)}{l} h \sqrt{u^2+v^2}$	假定泥石流侵蚀过程符合自然指数增长率，V_0 和 V_f 分别为侵蚀前后体积	McDougall 等[94]
10	$E_t = \sqrt{\dfrac{P-P_*}{\rho_s(1-\rho_s/\rho)}}$	通过分层描述各层的不同侵蚀情况，以势能衡量泥石流侵蚀能力	Sovilla 等[95]
11	$E_t = \dfrac{\tau_b - \tau_r}{\rho u}$	根据泥石流底部拖曳力 τ_b 与床面阻力 τ_r 关系判断是否发生侵蚀，侵蚀量与床面摩擦角的关系敏感	Medina 等[96]
12	$E_t = \dfrac{\tau_{1b} - \tau_{2t}}{\rho(u_{1b} - u_{2t})}$	基于三层连续介质模型和深度平均理论分析泥石流沟床侵蚀过程	Iverson 等[97-98]

由表 1-5 可知，泥石流侵蚀的定量表达式大致可归纳为基于野外调查或物理试验的经验类公式，以及基于物理过程分析的机理类公式。由于泥石流侵蚀过程的复杂性和公式适用条件的局限性，表 1-5 中的定量描述方法往往仅能揭示泥石流侵蚀过程中的某些方面，而无法作为反映泥石流侵蚀全过程的通用模型。一般地，研究侵蚀过程需要分析侵蚀的动力特征、侵蚀路径内的可侵蚀体及其初始条件，以及影响侵蚀的变量，如泥石流流体结构、密度、颗粒粒径、沟床饱和度、沟道坡降等[99]。

1.4 泥石流的动力模型

泥石流的"触发—运动—堆积"由一系列复杂的物理过程组成，这使得进行泥石流的物理描述和动力学建模变得困难。现有的泥石流动力学模型往往只能描述部分性质或现象，而无法完全反映泥石流的物理本质，基于不同假定条件可分为以下三类[100]。

1.4.1 连续介质模型

连续介质模型假定泥石流体在空间上无空隙地连续分布，其物理量如流速、流深和密度等均为时间和空间的连续函数，满足质量、动量和能量守恒定律。通常情况下假定泥石流运动处于恒温状态，把固相颗粒的脉动能和流体的紊动能均在动量方程中考虑，因此模型中不再需要单独列出能量方程。在实际情况中，泥石流既具有水流运动的部分特征，又具有颗粒流的部分特征。因此，泥石流的连续介质模型一般是从两者的动力学模型中发展而来，又可分为单流体和双流体模型。

单流体模型是基于伪一相连续流体假设建立的一组单组分流体动力学控制方程组，其包括以质量守恒律为基础的连续性方程和以牛顿第二定律为基础的 Navier-Stokes（N-S）方程。为了能够封闭控制方程组，还需借助不被牛顿三大定律和两大守恒定律概括的其他自然法则，即描述泥石流动力过程中流体流动行为及流变特征的本构模式，它决定着模型可以在多大程度上揭示泥石流的动力特征，目前常见的本构模式见表 1-5。通常地，单流体模型均无法直接揭示泥石流体的内部结构特征，且其计算结果受本构模式中的参数影响较大。近年来，为了能够进一步理解泥石流的运动机理，颗粒流模型被广泛地应用，比如，Lagrée 等[101]将 $\mu(I)$ 模式引入 N-S 方程中研究了颗粒崩滑体的运动特征；Hungr[102]通过对 Savage-Hutter 模型进行简化，建立了溃坝情形下的干颗粒流模型；Gray 等[103-104]分析了地表浅层颗粒流中大颗粒分选、运动和沉积等特征，并建立了基于 $\mu(I)$ 流变模式的深度平均理论模型；Kumaran[105]分析了稠密浅层颗粒流的运动特征，并建立了其数学模型。

双流体模型将泥石流体中的固相颗粒视为拟流体，并对固相和液相组分分别采用类似于单流体模型中的控制方程组进行描述。Enwald 等[106]系统地阐述了两相流理论的建模方法及过程，根据对各相应力本构关系的不同描述方式，可以推出多种形式的双流体模型，比如，王光谦等[107]对泥石流中的液相采用宾汉体模型，固相采用膨胀体模型；Pitman 等[108]提出了考虑液相浮力和相间作用力的双流体模型；Berzi 等[109-111]提出了在可侵蚀沟床上恒定的充分发展的颗粒-流体两相模型，考虑了颗粒和流体之间的拖曳和浮力作用，并讨论了模型的近似求解；Pudasaini[112]分别基于库仑准则和非牛顿流体理论描述固相和液相应力，考虑相间作用力建立了两相泥石流模型；Kowalski 等[113]考虑固液两相重力流的垂向效应，通过推导颗粒浓度方程等理论分析，改进了现有的深度平均理论控制方程；Iverson 等[114]基于库仑准则和固相颗粒膨胀率等概念，采用深度平均理论建立了泥石流的两相流模型；Armanini[115]根据泥石流固相浓度变化范围大的特点，对液固相阻力分别采用 Darcy-Weisbach 方程和 Bagnold 颗粒惯性理论，建立了由 Froude 数、固相浓度、相对埋深和坡降组成的无量纲形式的封闭方程。

1.4.2 离散介质模型

离散介质模型将泥石流视为具有一定大小的颗粒组成，采用特定的摩擦或碰撞规律描述颗粒间的作用，并通过取系综平均得到需要描述的物理量。代表性的离散元模型（DEM）常将颗粒假设为遵循牛顿第二运动定律的球形体，且颗粒之间的作用采用刚性接触或弹性接触处理方式[116-117]，前者将颗粒视为刚体，假定接触作用只发生在两个相邻颗粒接触的瞬间，后者假定颗粒能够发生微小变形，接触作用可采用弹簧-阻尼器模型描述，为了描述流体的黏性作用，有时还采用黏结模型。这类模型能够描述碎屑流和水石流的部分特性，且当颗粒数量增多，模型往往只能揭示流速、流深等宏观特性。

近年来，热动力学中的 Boltzmann 方程被应用于研究湍流和颗粒流[118-120]，这为建立泥石流的动力学模型提供了一种有别于 N-S 方程的方法。通过作粗粒化平均（coarse-graining）处理及采用 Chapman-Enskog 多尺度展开技巧，可由 Boltzmann 方程推导出动理学模型。这类模型可用于描述两相流中的颗粒运动，其变量为粒子密度分布函数。类似于连续介质模型中的本构关系，采用不同的颗粒接触处理方式可以描述不同类型的颗粒系综运动。泥石流作为一种宽级配的颗粒群系统，从物理本质上讲，采用动理学模型描述泥石流具有一定的优越性，但由于模型假定条件存在的偏差[100]，将其应用于研究实际泥石流仍存在很多问题。

1.4.3 混合介质模型

混合介质模型也属于两相模型，它将泥石流体中的固液两相分别假定为离散和连续介质。Martinez[121] 将泥石流的液相浆体用非牛顿连续介质描述，固相粗颗粒用离散介质描述，并考虑粗颗粒之间的碰撞和摩擦，以及液相对固相粗颗粒的阻力，基于二维浅水波方程和拉格朗日坐标下的三维离散元法建立了泥石流的准三维混合介质模型。Subramaniam[122] 系统阐述了多相流的拉格朗日-欧拉（Lagrangian-Eulerian）方法。在采用混合介质模型分析固液两相流时，对颗粒和流体相互作用的认识是非常重要的，比如沟床颗粒物质在大变形范围内的输运机制，其大致应包括以下步骤：第一，求解没有颗粒运动或泥浆体的流场；第二，求解粗颗粒在上述流场中的运动；第三，存在颗粒输运与流体的相互作用对流场的影响；第四，变化的流场对颗粒输运特性的改变。

实际中，泥石流是一类较为特殊的固液两相流，其液相由小于上限粒径的细颗粒和水组成，可视为连续介质；固相由剩余的较粗颗粒组成，可视为离散介质。因此，相较于前两类模型，混合介质的假定更符合泥石流的物理本质，然而由于目前这类模型的理论还不够完善且计算也较为复杂，仍处于初步研究阶段。各类泥石流动力学模型的基本假定及特征见表 1-6。

表 1-6　　各类泥石流动力学模型的基本假定及特征

特征	模型			
	单流体	双流体	离散介质	混合介质
控制方程	单相体连续方程和动量方程	各组分的连续方程和动量方程	离散元控制方程或动理学方程	连续介质方程和离散元控制方程
流向结构	均质	均质或非均质	均质	非均质
垂向结构	均质	均质	均质	非均质
液相封闭	流变模式	流变模式	—	流变模式
固相封闭	—	库仑准则或颗粒流本构模式	颗粒流本构模式	颗粒流本构模式
适用范围	泥流或两相速度差很小的泥石流	水石质或泥石质的泥石流	初步研究阶段	初步研究阶段

1.5　泥石流的数值模拟

由于泥石流野外原型观测较为困难，数值模拟研究正逐渐成为一种认识泥石流的重要辅助工具。随着计算机技术、计算流体力学和泥石流理论等相关领域的不断发展，关于泥石流的数值模拟研究正逐渐从一维单相均质流体扩展到多维、多相、非均质流。基于泥石流形成和演进过程中涉及的不同物理过程和实际问题的模拟成果，正被较为广泛地应用到泥石流的流量过程计算、危险范围预测、风险评估、防治工程评估等方面。总体而言，泥石流的数值模拟大致经历了以下三个阶段。

1.5.1　初期阶段：20世纪70年代至80年代初

泥石流数值模拟研究的初期阶段，主要基于一维单相均质的连续介质模型，其发展于明渠水流的动力学模型。学者们以水力学和流变学理论为基础，一方面采用宾汉体或膨胀体等非牛顿体流变模式描述泥石流运动行为，另一方面通过改进沟道的底面摩擦阻力项等，进行泥石流的模拟研究[123-124]。

1.5.2　发展阶段：20世纪80年代至20世纪末

在20世纪末期，随着泥石流动力学理论和计算机技术的发展，泥石流数值模拟逐渐扩展到多维、多相、非均质流，展开了一些对泥石流堆积泛滥等实际问题的专门研究。比如，唐川[125]采用剖开算子有限差分法，求解了基于曼宁阻力公式和Takahashi阻力模型的非定常二维泥石流动力方程组；罗元华[126]采用算子分裂法建立泥石流数学模型的差分格式，对泥石流的堆积过程进行了模拟研究；Jin 等[127] 把一维洪水演进模型中的摩阻项，分别以黏塑性模式、颗粒流模式、曼宁系数模式进行模化，对非恒定泥石流进行了模拟研究；王光谦等[128-130] 采用两相流模型分别描述固液两相的摩阻项，建立了黏性泥石流的二维 Euler-Lagrange 型流团模型；Denlinger 等[131] 采用库仑混合流模型进行了泥石流的三维模拟研究。

在该时期内，通过对泥石流运动机理的更深刻认识，发展形成了一些成熟的数值计算程序或商业软件，被一些政府部门和科研单位投入使用。比如，瑞士联邦研究所开发的基于浅水方程的有限元法的 DFEM 模型；美国 O'Brien 等[65] 通过采用有限差分法求解以二次项模式为本构关系的控制方程而开发的 Flo-2D 软件。

1.5.3 深入阶段：21 世纪初至今

进入 21 世纪以来，随着人们对认知地貌演变规律和解决实际问题的需求不断提高，泥石流数值模拟研究也在不断深入开展，主要体现在以下两个方面：

（1）在泥石流动力学模型的数值求解和改进方面，Rickenmann 等[132] 综合比较了不同流变模式对泥石流数值模拟的影响；Chen 等[133-134] 采用有限体积法对二维双层流方程进行了数值计算及其应用研究；王纯祥等[135] 基于 GIS 栅格网格，采用有限差分法进行了平面二维泥石流非恒定流动的模拟分析；梁大源[136] 基于结构两相流概念，采用有限体积法模拟了阵性泥石流；樊赟赟[137] 以 HLL 格式的近似 Rimann 解为基础，采用有限体积法在无结构三角形网格上对泥石流动力学方程进行了数值计算研究；Tai 等[138] 建立了常规地形条件下颗粒流的数值模型；Minatti 等[139] 采用 SPH 法对泥石流的动力学模型进行了数值分析；Sánchez 等[140] 对泥石流动力学模型中的阻力项进行了数值计算分析；Ouyang 等[141] 开发了基于 MacCormack-TVD 有限差分法的泥石流模拟程序；Paik[142] 采用激波捕捉法进行了泥石流的一维数值模拟研究；Pellegrino 等[143] 通过数值计算评价了泥石流动力学模型中流变参数的确定方法；Zhai 等[144] 基于图像数据处理单元，采用 Godunov 格式对 Savage-Hutter 模型进行了数值求解；George 等[145] 基于描述泥石流起动到堆积全过程的深度平均模型，采用激波捕捉法和自适应网格划分法对泥石流进行了模拟研究；Mergili 等[146] 开发了基于固液两相流模型的泥石流演进模拟程序 r.avaflow；Cuomo[147] 指出还需进一步研究固相颗粒和液相浆体在大/小变形下的力学特性。

（2）在描述泥石流演进过程中的实际问题及理解泥石流的侵蚀和堆积等动力特性方面，胡凯衡等[148] 应用流团模型模拟了泥石流在堆积扇上的扩散堆积运动；王协康等[149]对沟道泥流的溃决式运动堆积过程进行了二维数值试验；王沁等[150-151]采用 Boltzmann 方法模拟了泥石流的运动堆积及入汇主河过程；马宗源等[152]应用流体动力学计算软件 CFX 模拟了黏性泥石流对拦挡坝的冲击效应；李珂等[153]模拟分析了泥石流的沟岸耦合机理；Mambretti 等[154]模拟了溃坝情形下的两相泥石流运动过程；Hsu 等[155]分析了泥石流泛滥区模拟的主要影响因素；胡明鉴等[156]采用 PFC 模拟了降雨作用下松散碎屑物起动形成泥石流的过程；刘洪江等[157]模拟了震后群发式泥石流的运动堆积过程；Quan Luna 等[158]基于数值模拟建立了泥石流的易损性曲线；缪吉伦等[159]基于 SPH 方法模拟了黏性泥石流的堆积形态；Mangeney 等[160]采用局部流体化模型[161]模拟了颗粒流在动床上的运动过程；Martino 等[162]模拟研究了浓度变化和边界条件对泥石流流量过程的影响；Bouchut 等[163]提出了一个含有能量耗散方程的颗粒流侵蚀过程的通用模拟模型；Crosta 等[164]模拟分析了干燥和饱水状态下颗粒流的侵蚀与堆积过程；Armanini 等[165]对无黏性泥石流的沟道侵蚀过程进行了二维模拟研究；Eglit 等[166]通过模拟宾汉体和 Herschel-Bulkley 流体在层流和紊流状态下的侵蚀过程，分析了床面侵蚀过程的基本特征；Ouyang 等[167]基于浅水方程和沟床侵蚀公式模拟了汶川震区红椿沟泥石流的动力过程，验证了泥石流沟床侵蚀对规模的放大效应。Han 等[168]以日本 Yohutagawa 泥石流事件为例，采用二维数学模型对泥石流侵蚀的动力过程进行了模拟研究；D'Aniello 等[169]进行了泥石流起动、演进和堆积全过程的一维模拟研究。

1.6 本书写作思路及目的

自 20 世纪中叶开始，国内外学者针对泥石流的动力特征和物理机制等方面逐渐开展了专门研究。回顾半个多世纪的泥石流研究历史发现，关于沟道型泥石流动力机制和数值模拟的研究仍然存在若干问题和不足，其中包括：

（1）在动力特征方面，通过野外观测和物理试验发现，沟道型泥石流动力过程具有显著的非均质和非恒定等性质，且常伴随着强烈冲淤、阵性发展、颗粒分选等现象。目前对于这些现象已有不同深度的物理机理解释，然而试图对它们进行准确的数学描述还较为困难。因此有待于更为系统深入地阐述泥石流的动力特征及其原因。

（2）在起动机理方面，沟道型泥石流的起动类型包括侵蚀起动、堵塞体溃决和滑坡触发。近年来大量的物理试验揭示了不同粒径颗粒运移对泥石流起动的影响有明显区别，大型水槽实验和人工降雨试验揭示了起动过程中泥沙颗粒的动态变化特征，相关的定性认识整体表现出从颗粒的均质到非均质，从水流的恒定到非恒定的变化。然而，现有的泥石流起动模型主要还是基于经验统计或传统力学平衡分析，无法较好地用于揭示起动过程中泥沙颗粒状态的动态变化，也未考虑起动影响因素可能具有的随机性。

（3）在动力模型方面，现有控制方程的封闭模式仍只能描述泥石流动力特征的某些方面；对于泥石流演进过程中的沟道侵蚀描述以经验性公式和力学平衡关系为主，还有待进一步研究泥石流沟床物质交换机理，将它与侵蚀起动过程相结合，建立能够反映全过程的侵蚀模型；基于深度平均理论处理的控制方程会忽略泥石流垂线结构的变化特征，在描述泥石流的演进机理时应考虑三维立体的结构特征。

（4）在数值模拟方面，泥石流的动力学模型已经逐渐扩展到多维、多相、非均质等范畴，然而考虑泥石流演进中存在的沟道侵蚀、堵塞体溃决等复杂过程的数值模拟仍有待进一步发展；有待深入开展泥石流"触发—运动—堆积"多阶段全过程的模拟研究。

针对上述关于泥石流研究中存在的问题和不足，本书基于作者多年的泥石流野外调查认识和相关研究成果进行编写，主要内容如下：

（1）基于现有研究成果，收集泥石流野外调查、监测资料和典型试验数据；从泥石流的无量纲特征值、能量过程、输沙特征和阻力特征等方面揭示沟道型泥石流的动力特征，并阐述动力特征所蕴含的内在原因或机理；选取典型泥石流事件，结合实例进一步阐明沟道型泥石流的动力特征。

（2）通过分析沟道型泥石流形成的基本条件和概化过程，揭示其一般特征；探讨沟道型泥石流侵蚀和溃决两种起动机理，建立相应数学模型，并进行验证和讨论分析；结合建立的起动模型对现有的泥石流预警方法进行评价。

（3）在多层多相介质框架下，应用两相流、颗粒流、高含沙水流、不平衡输沙等理论成果建立沟道型泥石流演进的动力学模型；分析泥石流的固液两相分界粒径、沟道侵蚀过程，结合算例和收集的数据资料阐述泥石流的三维立体结构特征。

（4）基于泥石流动力过程的数学描述，分析泥石流控制方程的数学特征、数值方法和源项处理等，进行泥石流的一维和二维数值模拟研究。

参考文献

[1] 康志成，李焯芬，马蔼乃，等. 中国泥石流研究 [M]. 北京：科学出版社，2004.
[2] Jakob M, Hungr O. Debris-flow hazards and related phenomena [M]. Berlin: Springer, 2005.
[3] Bracken L J, Turnbull L, Wainwright J, et al. Sediment connectivity: a framework

for understanding sediment transfer at multiple scales [J]. Earth Surface Processes and Landforms, 2015, 40: 177-188.

[4] Iverson R M. The physics of debris flows [J]. Reviews of Geophysics, 1997, 35 (3): 245-296.

[5] 崔鹏, 柳素清, 唐邦兴, 等. 风景区泥石流研究与防治 [M]. 北京: 科学出版社, 2005.

[6] C. M. 弗莱斯曼. 泥石流 [M]. 北京: 科学出版社, 1986.

[7] Takahashi T. Debris flow [J]. Annual Reviews of fluid mechanics, 1981, 13: 57-77.

[8] 钱宁. 高含沙水流运动 [M]. 北京: 清华大学出版社, 1989.

[9] 冯自立, 崔鹏, 何思明. 滑坡转化为泥石流机理研究综述 [J]. 自然灾害学报, 2005, 14 (3): 8-14.

[10] 倪化勇, 唐川. 中国泥石流起动物理模拟试验研究进展 [J]. 水科学进展, 2014, 25 (4): 606-613.

[11] Coe J A, Glancy P A, Whitney J W. Volumetric analysis and hydrologic characterization of a modern debris flow near Yucca Mountain Nevadap [J]. Geomorphology, 1997, 20: 11-28.

[12] Griffiths P G, Webb R H, Melis T S. Frequency and initiation of debris flows in Grand Canyon, Arizona [J]. Journal of Geophysical Research, 2004, 109: 321-326.

[13] 康志成. 泥石流产生的力学分析 [J]. 山地研究, 1987, 5 (4): 225-229.

[14] Cui P, Zhou G D, Zhu X H, et al. Scale amplification of natural debris flows caused by cascading landslide dam failures [J]. Geomorphology, 2013, 182: 173-189.

[15] Chen N S, Zhou W, Yang C L, et al. The processes and mechanism of failure and debris flow initiation for gravel soil with different clay content [J]. Geomorphology, 2010, 121: 222-230.

[16] 舒安平, 孙江涛, 张欣, 等. 非均质泥石流形成过程动力学特征 [J]. 水利学报, 2016, 47 (7): 850-857.

[17] 王兆印, 张新玉. 水流冲刷沉积物生成泥石流的条件及运动规律的试验研究 [J]. 地理学报, 1989, 44 (3): 291-301.

[18] 解明曙, 王玉杰, 张洪江, 等. 沟道松散堆积物形成泥石流的水动力条件分析及其数学模型 [J]. 北京林业大学学报, 1993, 15 (4): 1-11.

[19] Cui P. Study on conditions and mechanisms of debris flow initiation by means of experiment [J]. Chinese Science Bulletin, 1992, 37 (9): 759-763.

[20] 王裕宜, 邹仁元, 刘岫峰. 泥石流启动与渗透系数的相关研究 [J]. 土壤侵蚀与水土保持学报, 1997, 3 (4): 76-82.

[21] Iverson R M. Debris flow mobilization from landslides [J]. Annual Review of Earth Planet Science, 1997, 25: 85-138.

[22] Iverson R M, Reid M E, Iverson N R, et al. Acute sensitivity of landslide rates to initial soil porosity [J]. Science, 2000, 290 (20): 513-516.

[23] Iverson R M. Regulation of landslide motion by dilatancy and pore pressure feedback [J]. Journal of Geophysical Research，2005，110，F02015.

[24] 徐友宁，曹琰波，张江华. 基于人工模拟试验的小秦岭金矿区矿渣型泥石流起动研究 [J]. 岩石力学与工程学报，2009，28（7）：1388－1395.

[25] Zhuang J，Cui P，Peng J，et al. Initiation process of debris flows on different slopes due to surface flow and trigger－specific strategies for mitigating post－earthquake in old Beichuan county, China [J]. Environmental Earth Science，2013，68（5）：1391－1403.

[26] 杨顺，欧国强，王钧，等. 恒定渗流作用下泥石流起动过程冲刷试验分析 [J]. 岩土力学，2014，35（12）：3489－3495.

[27] Hu W，Xu Q，Wang G H，et al. Sensitivity of the initiation of debris flow to initial soil moisture [J]. Landslides，2015，12：1139－1145.

[28] 陈中学，汪稔，胡明鉴，等. 黏土颗粒含量对蒋家沟泥石流起动影响分析 [J]. 岩土力学，2010，31（7）：2197－2201.

[29] 高冰，周健，张姣. 泥石流启动过程中水土作用机制的宏细观分析 [J]. 岩石力学与工程学报，2011，30（12）：2567－2573.

[30] Ni H Y. Experimental study on initiation of gully－type debris flow based on artificial rainfall and channel runoff [J]. Environ Earth Sci，2015，73：6213－6227.

[31] Takahashi T，Kuang S F. Hydrograph prediction of debris flow due to failure of landslide dam [J]. Annuals，DPRI，1988，31B－2：601－615.

[32] Capart H，Young D L，Zech Y. Dam－break induced debris flow [J]. Spec. Publs. Int. Ass. Sediment，2001，31：149－156.

[33] Zhou G D，Cui P，Chen H Y，et al. Experimental study on cascading landslide dam by upstream flows [J]. Landslides，2013，10：633－643.

[34] Chen H Y，Cui P，Zhou G D，et al. Experimental study of debris flow caused by domino failures of landslide dams [J]. International Journal of Sediment Research，2014，29：414－422.

[35] Guzzetti F，Peruccacci S，Rossi M，et al. The rainfall intensity－duration control of shallow landslides and debris flows：an update [J]. Landslides，2005，5：3－17.

[36] Zhuang J Q，Cui P，Wang G H，et al. Rainfall thresholds for the occurrence of debris flows in the Jiangjia Gully，Yunnan Province，China [J]. Engineering Geology，2015，195：335－346.

[37] Yu B，Zhu Y，Wang T，et al. A prediction model for debris flows triggered by a runoff－induced mechanism [J]. Nat Hazards，2014，74：1141－1161.

[38] 崔鹏. 泥石流起动机制的研究 [D]. 北京：北京林业大学，1990.

[39] Takahashi T. Mechanical characteristics of debris flow [J]. Hydraulics Division，ASCE，1978，104（8）：1153－1169.

[40] Berti M，Simoni A. Experimental evidences and numerical modelling initiated by channel runoff [J]. Landslides，2005（2）：171－182.

[41] 朱鹏程. 泥石流——固体颗粒运动流体化 [J]. 泥沙研究，1991，4：30－38.

[42] 费祥俊，舒安平. 泥石流运动机理与灾害防治 [M]. 北京：清华大学出版

社，2004．

[43] Hampton M A. Subaqueous debris flow and generation of turbidity currents [D]. California: Stanford University, 1970.

[44] Enos P. Flow regimes in debris flow [J]. Sedimentology, 1977, 24: 133-142.

[45] 吴积善，康志成，田连权，等. 云南蒋家沟泥石流观测研究 [M]. 北京：科学出版社，1990.

[46] 费祥俊，康志成，王裕宜. 细颗粒浆体、泥石流浆体对泥石流运动的作用 [J]. 山地研究，1991，9（3）：143-152.

[47] Major J J, Pierson T C. Debris flow rheology: Experimental analysis of fine-grained slurries [J]. Water Resource Research, 1992, 28: 841-857.

[48] 万兆惠，华景生. 粗细颗粒同时存在时的流动阻力 [J]. 山地研究，1991，9（3）：153-157.

[49] 杨美卿，王立新. 泥石流运动的层移质模型及其试验研究 [J]. 泥沙研究，1992，3：21-29.

[50] 沈寿长，谢慎良，卢昌祺. 泥石流运动的阻力与流速 [J]. 水土保持学报，1987，1（1）：61-73.

[51] Chow V T. Open channel hydraulics [M]. New York: McGraw-Hill, 1959.

[52] 徐道明，冯清华. 泥石流河槽糙率表 [C]//第一届全国泥石流学术会议论文摘要汇编，1979：51-52.

[53] 康志成. 云南东川蒋家沟粘性阵性泥石流流速的初步分析 [C]//中国科学院成都地理研究所泥石流论文集，1980：132-139.

[54] 费祥俊. 粘性泥石流的输沙浓度与运动速度 [J]. 水利学报，2003，2：15-18.

[55] Rickenmann D. An alternative equation for the mean velocity in gravel-bed rivers and mountain torrents [C] // Pro. Int. Conf. on Hydraulic Engineering: Hydraulics of Mountain Rivers, ASCE, Buffalo, New York, 1994: 672-676.

[56] 祁龙. 粘性泥石流阻力规律初探 [J]. 山地学报，2000，18（6）：508-513.

[57] Tian M, Hu K H, Ma C, et al. Effect of bed sediment entrainment on debris-flow resistance [J]. J. Hydraulic Eng., ASCE, 2014, 140 (1): 115-120.

[58] Ferguson R. Time to abandon the Manning equation? [J]. Earth Surface Process and Landforms, 2010, 35: 1873-1876.

[59] Johnson A M. A model for debris flow [D]. Pennsylvania: Pennsylvania State University, 1965.

[60] Bagnold R A. Experiments on a gravity-free dispersion of large solid spheres in a Newtonian fluid under shear [J]. Proceedings of the Royal Society of London, Series A, 1954, 225 (1160): 49-63.

[61] Voellmy A. Uber die Zerstorungskraft von Lawinen [J]. Schweizerische Bauzeitung, 1955, 73: 212-285.

[62] Chen C L. Generalized viscoplastic modelling of debris flow [J]. J. Hydraul. Eng., ASCE, 1988, 114: 237-258.

[63] Chen C L. General solutions for viscoplastic debris flow [J]. J. Hydraul. Eng., ASCE, 1988, 114: 259-282.

[64] O'Brien J S, Julien P Y. Laboratory analysis of mudflow properties [J]. J. Hydraul. Eng., ASCE, 1988, 114 (8): 877-887.

[65] O'Brien J S, Julien P Y, Fullerton W T. Two-dimensional water flood and mudflow simulation [J]. J. Hydraul. Eng., ASCE, 1993, 119 (2): 244-261.

[66] Savage S B, Hutter K. The motion of a finite mass of granular material down a rough incline [J]. J. Fluid Mech., 1989, 199: 177-215.

[67] 王光谦, 倪晋仁, 张军, 等. 泥石流的颗粒流模型 [J]. 山地研究, 1992, 10 (1): 1-10.

[68] MiDi, GDR. On dense granular flows [J]. The European physical journal E, 2004, 14 (4): 341-365.

[69] Jop P, Forterre Y, Pouliquen O. A constitutive law for dense granular flows [J]. Nature, 2006, 441: 727-730.

[70] 费祥俊, 熊刚. 泥石流输砂能耗及运动速度与阻力的计算方法 [J]. 泥沙研究, 1995, 4: 1-9.

[71] Berzi D, Larcan E. Flow resistance of inertial debris flows [J]. Journal Hydraulic Engineering, ASCE, 2013, 139 (2): 187-194.

[72] Suzuki T, Hotta N. Resistance of the debris flow on the roughness boundary [C]// Disaster mitigation of debris flow, slope failures and landslides, Universal Academy Press, Inc. 2006: 129-139.

[73] 王光谦. 固液两相流与颗粒流的运动理论及实验研究 [D]. 北京: 清华大学, 1989.

[74] 刘大有. 二相流体动力学 [M]. 北京: 高等教育出版社, 1993.

[75] Enwald H, Peirano E, Almstedt A E. Eulerian two-phase flow theory applied to fluidization [J]. International Journal of Multiphase Flow, 1996, 22: 21-66.

[76] 沈寿长. 泥石流应力本构关系 [J]. 水利学报, 1998, 12: 16-22.

[77] 王光谦, 邵颂东, 费祥俊. 泥石流模拟: I-模型 [J]. 泥沙研究: 1998, 3: 7-13.

[78] Iverson R M, Denlinger R P. Flow of variably fluidized granular masses across three-dimensional terrain: 1. Coulomb mixture theory [J]. J. Geophys. Res, 2001, 106 (B1): 537-552.

[79] Wainwright J, Parsons A J, Cooper J R, et al. The concept of transport capacity in geomorphology [J]. Reviews of Geophysics, 2015, 53 (4): 1155-1202.

[80] Rickenmann D. Hyperconcentrated flow and sediment transport at steep slopes [J]. Journal of hydraulic engineering, 1991, 117 (11): 1419-1439.

[81] 舒安平, 费祥俊. 高含沙水流挟沙能力 [J]. 中国科学 G 辑: 物理学 力学 天文学, 2008, 38 (6): 653-667.

[82] Mangeney A, Roche O, Hungr O, et al. Erosion and mobility in granular collapse over sloping beds [J]. J. Geophys. Res., 2010, 115, F03040.

[83] Iverson R M, Reid M E, Logan M, et al. Positive feedback and momentum growth during debris-flow entrainment of wet bed sediment [J]. Nat. Geosci., 2011, 4: 116-121.

[84] 吕立群, 王兆印, 崔鹏, 等. 沟岸侧蚀对泥石流形成和运动过程的影响 [J]. 水科学进展, 2017, 28 (4): 553-563.

[85] Hungr O, Morgan G C, Kellerhals R. Quantitative analysis of debris torrent hazards for design of remedial measures [J]. Canadian Geotechnical Journal, 1984, 21 (4): 663-677.

[86] Rickenmann D, Weber D, Stepanov B. Erosion by debris flows in field and laboratory experiments [J]. Debris-flow hazards mitigation: mechanics, prediction, and assessment, 2003, 1: 883-894.

[87] Chen H, Crosta G B, Lee C F. Erosional effects on runout of fast landslides, debris flows and avalanches: a numerical investigation [J]. Geotechnique, 2006, 56 (5): 305-322.

[88] De Joode A, Van Steijn H. PROMOTOR-df: a GIS-based simulation model for debris flow hazard prediction [J]. Rickenmann D, Chen, 2003: 1173-1184.

[89] 吴永, 裴向军, 何思明, 等. 降雨型泥石流对沟床侵蚀的水力学机理 [J]. 浙江大学学报 (工学版), 2013, 47 (9): 1585-1592.

[90] Takahashi T, Kuang S F. Formation of debris flow on varied slope bed [J]. Disaster Prevention Research Institute Annuals, 1986, 29: 345-349.

[91] Egashira S, Honda N, Itoh T. Experimental study on the entrainment of bed material into debris flow [J]. Phys. Chem. Earth Part C, 2001, 26 (9): 645-650.

[92] Papa M, Egashira S, Itoh T. Critical conditions of bed sediment entrainment due to debris flow [J]. Natural Hazards and Earth System Sciences, 2004, 4: 469-474.

[93] Pitman E B, Nichita C C, Patra A K, et al. A model of granular flows over an erodible surface [J]. Discrete and Continuous Dynamical Systems Series B, 2003, 3 (4): 589-600.

[94] McDougall S, Hungr O. Dynamic modelling of entrainment in rapid landslides [J]. Canadian Geotechnical Journal, 2005, 42 (5): 1437-1448.

[95] Sovilla B, Burlando P, Bartelt P. Field experiments and numerical modeling of mass entrainment in snow avalanches [J]. Journal of Geophysical Research: Earth Surface, 2006, 111, F03007.

[96] Medina V, Hürlimann M, Bateman A. Application of FLATModel, a 2D finite volume code, to debris flows in the northeastern part of the Iberian Peninsula [J]. Landslides, 2008, 5 (1): 127-142.

[97] Iverson R M. Elementary theory of bed-sediment entrainment by debris flows and avalanches [J]. Journal of Geophysical Research, 2012, 117, F03006.

[98] Iverson R M, Ouyang C J. Entrainment of bed material by earth-surface mass flows: review and reformulation of depth-integrated theory [J]. Rev. Geophys., 2015, 53 (1): 27-58.

[99] Pirulli M, Pastor M. Numerical study on the entrainment of bed material into rapid landslides [J]. Geotechnique, 2012, 62: 959-972.

[100] 胡凯衡, 崔鹏, 田密, 等. 泥石流动力学模型和数值模拟研究综述 [J]. 水利学报, 2012, 43 (S2): 79-84.

[101] Lagrée P Y, Staron L, Popinet S. The granular column collapse as a continuum: validity of a two-dimensional Navier-Stokes model with a $\mu(I)$-rheology [J]. Journal of Fluid Mechanics, 2011, 686: 378-408.

[102] Hungr O. Simplified models of spreading flow of dry granular material [J]. Canadian Geotechnical Journal, 2008, 45 (8): 1156-1168.

[103] Gray J, Kokelaar B P. Large particle segregation, transport and accumulation in granular free-surface flows [J]. Journal of Fluid Mechanics, 2010, 652: 105-137.

[104] Gray J, Edwards A N. A depth-averaged $\mu(I)$-rheology for shallow granular free-surface flows [J]. Journal of Fluid Mechanics, 2014, 755: 503-534.

[105] Kumaran V. Dense shallow granular flows [J]. Journal of Fluid Mechanics, 2014, 756: 555-599.

[106] Enwald H, Peirano E, Almstedt A E. Eulerian two-phase flow theory applied to fluidization [J]. International Journal of Multiphase Flow, 1996, 22: 21-66.

[107] 王光谦, 倪晋仁. 泥石流动力学基本方程 [J]. 科学通报, 1994, 39 (18): 1700-1704.

[108] Pitman E B, Le L. A two-fluid model for avalanche and debris flows [J]. Philosophical Transactions of the Royal Society of London A: Mathematical, Physical and Engineering Sciences, 2005, 363 (1832): 1573-1601.

[109] Berzi D, Jenkins J T. A theoretical analysis of free-surface flows of saturated granular-liquid mixtures [J]. Journal of Fluid Mechanics, 2008, 608: 393-410.

[110] Berzi D, Jenkins J T. Approximate analytical solutions in a model for highly concentrated granular-fluid flows [J]. Physical Review E, 2008, 78 (1): 011304.

[111] Berzi D, Jenkins J T. Steady inclined flows of granular-fluid mixtures [J]. Journal of Fluid Mechanics, 2009, 641: 359-387.

[112] Pudasaini S P. A general two-phase debris flow model [J]. Journal of Geophysical Research: Earth Surface, 2012, 117, F03010.

[113] Kowalski J, McElwaine J N. Shallow two-component gravity-driven flows with vertical variation [J]. Journal of Fluid Mechanics, 2013, 714: 434-462.

[114] Iverson R M, George D L. A depth-averaged debris-flow model that includes the effects of evolving dilatancy. I. Physical basis [J]. Proceedings of the Royal Society A, 2014, 470: 20130819.

[115] Armanini A. Closure relations for mobile bed debris flows in a wide range of slopes and concentrations [J]. Advances in Water Resources, 2015, 81: 75-83.

[116] Gotoh H, Sakai T. Numerical simulation of sheet flow as granular material [J]. Journal of waterway, port, coastal, and ocean engineering, ASCE, 1997, 123 (6): 329-336.

[117] De Blasio F V. Preliminary discrete particle model in a computer simulation of cohesive debris flows [J]. Geotechnical and Geological Engineering, 2012, 30 (1): 269-276.

[118] Chen H, Chen S, Matthaeus W H. Recovery of the Navier-Stokes equations using a lattice-gas Boltzmann method [J]. Physical Review A, 1992, 45 (8): 5339-

5342.

[119] Chen S, Doolen G D. Lattice Boltzmann method for fluid flows [J]. Annual Review of Fluid Mechanics, 1998, 30 (1): 329-364.

[120] Chen H, Kandasamy S, Orszag S, et al. Extended Boltzmann kinetic equation for turbulent flows [J]. Science, 2003, 301 (5633): 633-636.

[121] Martinez C E. Eulerian-Lagrangian two phase debris flow model [D]. Ph. D. dissertation, Florida International University, 2009.

[122] Subramaniam S. Lagrangian-Eulerian methods for multiphase flows [J]. Progress in Energy and Combustion Science, 2013, 39: 215-245.

[123] DeLeon A A, Jeppson R W. Hydraulics and numerical solutions of steady-state but spatially varied debris flow [R]. Utah Water Research Laboratory, 1982. Paper 515.

[124] Schamber D R, MacArthur R C. One-dimensional model for mud flows [R]. US Army Corps of Engineers, Institute for Water Resources, Hydrologic Engineering Center, 1985.

[125] 唐川. 平面二维泥石流数值模拟方法的探讨 [J]. 水文地质工程地质, 1994, 21 (5): 9-12.

[126] 罗元华. 泥石流堆积数值模拟及泥石流灾害风险评估方法研究 [D]. 武汉: 中国地质大学, 1998.

[127] Jin M, Fread D L. 1D modeling of mud/debris unsteady flows [J]. Journal of hydraulic engineering, 1999, 125 (8): 827-834.

[128] 王光谦, 邵颂东, 费祥俊. 泥石流模拟: I-模型 [J]. 泥沙研究, 1998 (3): 7-13.

[129] 王光谦, 邵颂东, 费祥俊. 泥石流模拟: II-验证 [J]. 泥沙研究, 1998 (3): 14-17.

[130] 王光谦, 邵颂东, 费祥俊. 泥石流模拟: III-应用 [J]. 泥沙研究, 1998 (3): 18-22.

[131] Denlinger R P, Iverson R M. Flow of variably fluidized granular masses across three-dimensional terrain: 2. Numerical predictions and experimental tests [J]. Journal of Geophysical Research: Solid Earth, 2001, 106 (B1): 553-566.

[132] Rickenmann D, Laigle D, McArdell B W, et al. Comparison of 2D debris-flow simulation models with field events [J]. Computational Geosciences, 2006, 10 (2): 241-264.

[133] Chen S C, Peng S H. Two-dimensional numerical model of two-layer shallow water equations for confluence simulation [J]. Advances in Water Resources, 2006, 29 (11): 1608-1617.

[134] Chen S C, Peng S H, Capart H. Two-layer shallow water computation of mud flow intrusions into quiescent water [J]. Journal of Hydraulic Research, 2007, 45 (1): 13-25.

[135] 王纯祥, 白世伟, 江崎哲郎, 等. 基于GIS泥石流二维数值模拟 [J]. 岩土力学, 2007, 28 (7): 1359-1368.

[136] 梁大源. 阵性泥石流的数值模拟研究 [D]. 北京：清华大学，2008.
[137] 樊赟赟. 泥石流动力过程模拟及特征研究 [D]. 北京：清华大学，2010.
[138] Tai Y C, Kuo C Y. A new model of granular flows over general topography with erosion and deposition [J]. Acta Mechanica, 2008, 199: 71-96.
[139] Minatti L, Pasculli A. SPH numerical approach in modelling 2D muddy debris flow [C]. 5th International Conference on Debris-Flow Hazards Mitigation: Mechanics, Prediction, and Assessment, Proceedings. Padua, Italy, 2011: 467-475.
[140] Sánchez Burillo G, Beguería S, Latorre B, et al. Numerical treatment of the resistance term in upwind schemes in debris flow runout modeling [J]. Journal of Hydraulic Engineering, 2014, 140 (5): 04014009.
[141] Ouyang C, He S, Xu Q, et al. A MacCormack-TVD finite difference method to simulate the mass flow in mountainous terrain with variable computational domain [J]. Computers & Geosciences, 2013, 52: 1-10.
[142] Paik J. A high resolution finite volume model for 1D debris flow [J]. Journal of Hydro-environment Research, 2015, 9 (1): 145-155.
[143] Pellegrino A M, di Santolo A S, Schippa L. An integrated procedure to evaluate rheological parameters to model debris flows [J]. Engineering Geology, 2015, 196: 88-98.
[144] Zhai J, Yuan L, Liu W, et al. Solving the Savage-Hutter equations for granular avalanche flows with a second-order Godunov type method on GPU [J]. International Journal for Numerical Methods in Fluids, 2015, 77 (7): 381-399.
[145] George D L, Iverson R M. A depth-averaged debris-flow model that includes the effects of evolving dilatancy. II. Numerical predictions and experimental tests [J]. Proc. R. Soc. A, 2014, 470: 20130820.
[146] Mergili M, Jan-Thomas F, Krenn J, et al. r.avaflow v1, an advanced open-source computational framework for the propagation and interaction of two-phase mass flows [J]. Geoscientific Model Development, 2017, 10 (2): 553.
[147] Cuomo S. New advances and challenges for numerical modeling of landslides of the flow type [J]. Procedia Earth and Planetary Science, 2014, 9: 91-100.
[148] 胡凯衡，韦方强，何易平，等. 流团模型在泥石流危险度分区中的应用 [J]. 山地学报，2003，21 (6): 726-730.
[149] 王协康，刘同宦，崔鹏. 沟道泥流溃决式运动堆积过程二维数值试验 [J]. 四川大学学报（工程科学版），2005，37 (2): 1-4.
[150] 王沁，姚令侃，何平，等. 泥石流入汇主河的格子 Boltzmann 模拟 [J]. 自然灾害学报，2005，14 (3): 29-33.
[151] 王沁，姚令侃. 格子 Boltzmann 方法及其在泥石流堆积研究中的应用 [J]. 灾害学，2007，22 (3): 1-5.
[152] 马宗源，张骏，廖红建. 黏性泥石流拦挡工程数值模拟 [J]. 岩土力学，2007，28 (S1): 389-392.
[153] 李珂，唐红梅，易丽云，等. 泥石流沟岸耦合三维数值仿真 [J]. 重庆建筑大学学报，2008，30 (1): 68-71.

[154] Mambretti S, Larcan E, De Wrachien D. 1D modelling of dam-break surges with floating debris [J]. Biosystems Engineering, 2008, 100 (2): 297-308.

[155] Hsu S M, Chiou L B, Lin G F, et al. Applications of simulation technique on debris-flow hazard zone delineation: a case study in Hualien County, Taiwan [J]. Natural Hazards and Earth System Sciences, 2010, 10 (3): 535-545.

[156] 胡明鉴, 汪稔, 陈中学, 等. 泥石流启动过程 PFC 数值模拟 [J]. 岩土力学, 2010, 31 (S1): 394-397.

[157] 刘洪江, 兰恒星, 程维明. 玉树地震后结古镇群发式泥石流灾害数值模拟及危险性分析 [J]. 山地学报, 2010 (4): 444-452.

[158] Quan Luna B, Blahut J, Van Westen C J, et al. The application of numerical debris flow modelling for the generation of physical vulnerability curves [J]. Natural Hazards and Earth System Sciences, 2011, 11 (7): 2047-2060.

[159] 缪吉伦, 张文忠, 周家俞. 基于 SPH 方法的黏性泥石流堆积形态数值模拟 [J]. 自然灾害学报, 2013, 22 (6): 125-130.

[160] Mangeney A, Tsimring L S, Volfson D, et al. Avalanche mobility induced by the presence of an erodible bed and associated entrainment [J]. Geophys. Res. Lett., 2007, 34, L22401.

[161] Aranson I S, Tsimring L S. Continuum theory of partially fluidized granular flows [J]. Phys. Rev. E, 2002, 65, 061303.

[162] Martino R, Papa M N. Variable-concentration and boundary effects on debris flow discharge predictions [J]. J. Hydraul. Eng., 2008, 134: 1294-1301.

[163] Bouchut F, Fernandez-Nieto E D, Mangeney A, et al. On new erosion models of Savage-Hutter type for avalanches [J]. Acta Mechanica, 2008, 199: 181-208.

[164] Crosta G B, Imposimato S, Roddeman D. Numerical modelling of entrainment/deposition in rock and debris-avalanches [J]. Engineering Geology, 2009, 109 (1): 135-145.

[165] Armanini A, Fraccarollo L, Rosatti G. Two-dimensional simulation of debris flows in erodible channels [J]. Computers & Geosciences, 2009, 35 (5): 993-1006.

[166] Eglit M E, Yakubenko A E. Numerical modeling of slope flows entraining bottom material [J]. Cold Regions Science and Technology, 2014, 108: 139-148.

[167] Ouyang C J, He S M, Tang C. Numerical analysis of dynamics of debris flow over erodible beds in Wenchuan earthquake-induced area [J]. Engineering Geology, 2015, 194: 62-72.

[168] Han Z, Chen G Q, Li Y G, et al. Numerical simulation of debris-flow behavior incorporating a dynamic method for estimating the entrainment [J]. Engineering Geology, 2015, 190: 52-64.

[169] D'Aniello A, Cozzolino L, Cimorelli L, et al. A numerical model for the simulation of debris flow triggering, propagation and arrest [J]. Natural Hazards, 2015, 75 (2): 1403-1433.

第 2 章

沟道型泥石流的动力特征

在流域地貌演变过程中,沟道型泥石流是一类常见于山区小流域的地貌现象。泥石流与流域内其他地貌过程密切关联,比如,两岸的崩塌、滑坡等可为泥石流的形成提供物源条件,流域主干河道可为泥石流的演进提供淤积场所。泥石流的形成和发展过程,通常表现出显著的非均质和非恒定等性质,并且伴随着强烈冲淤、阵性发展、颗粒分选等特征。泥石流的动力过程受诸多因素影响,包括流域地貌环境和泥石流体自身物理力学参数等。为了进一步系统地揭示泥石流的动力特征,本章将从泥石流的无量纲特征量、能量过程、输沙特征和阻力特征等方面进行分析。

2.1 泥石流的量纲分析

2.1.1 影响因素

流域地貌演变过程中常见的流体、拟流体或固体运动现象如图 2-1 所示,它们的动力过程既具有相似性,又具有特殊性。泥石流作为一类特殊两相流,液相和固相的物理力学性质在其形成和发展中均具有重要意义,这决定了泥石流动力过程的复杂性。

按照固体物质含量和物质类型的分类方法,泥石流大致处于流域地貌演变过程类型中的过渡位置。与河流中的一般挟沙水流相比,泥石流既具有与之相似的二相性、非恒定性、非均匀性、三维性和水沙不平衡性等基本性质[2],又具有与之区别的突发性、间歇性,以及起始静切力表征的结构性等特殊性质。与高含沙水流相比,两者既具有部分相似的非牛顿流体性质,又具有显著不同的物理运动机制[3],在高含沙水流中,水体起主导作用,固体颗粒由水体挟带运动;而在泥石流中,固体颗粒起着与水体相当,甚至更为重要的作用,颗粒运动消耗的能量主要来自本身势能,另外,泥石流通常发生于山区较大坡

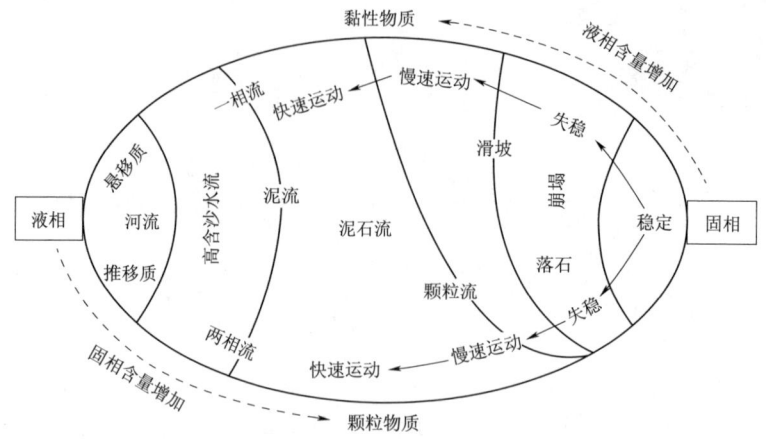

图 2-1 基于固体物质含量和物质类型的地貌过程分类（改自文献 [1]）

降支沟，并且一般含有较宽的颗粒级配。与滑坡相比，两者均具有不同程度的结构性，泥石流虽然没有类似于滑坡体与滑床之间存在的滑动面，但泥石流具有流速梯度表征的流动性，而滑坡通常以整体形式运动，其速度梯度基本趋于 0。

根据对泥石流基本特点的分析，将泥石流动力过程中的影响因素归纳为三类：一是描述泥石流流域环境的地形参数，包括沟道坡降、宽度、长度、重力加速度以及泥石流活动起止位置高差等；二是描述沟床特征的物理力学参数，包括沟床渗透率、颗粒内摩擦角、颗粒粒径等；三是泥石流体参数，包括流深、液相密度、液相动力黏度、固相密度、固相体积浓度、混合体密度、混合体弹性模量、混合体应力和运动时间等。

2.1.2 无量纲量

自然界中的各种物理现象都是由有关物理量相互作用反映出来的特定物理过程，在这个特定的物理过程中，各物理量之间常存在一定的内在联系，基于量纲一致性原则的量纲分析是一类理解这种内在联系的简单数学物理方法[4-5]。为了揭示泥石流动力过程中的某些基本特征，以及便于与河流、高含沙水流和滑坡的动力特征进行对比，采用量纲分析推导由动力过程影响因子构建的特征量，首先将泥石流流速表示为

$$u = f_1(\theta, b, L, g, H, k, \varphi, d, h, \rho_f, \mu_f, \rho_s, C_s, \rho, E, \sigma, t) \quad (2.1)$$

函数式 (2.1) 包含 18 个变量，其中 θ, φ, C_s 本身为无量纲量。针对其余物理量，选取 g, h, ρ 作为基本量，根据 Buckingham[6] 提出的 π 定理，可将式 (2.1) 变形为

$$\frac{u}{\sqrt{gL}} = f_2\left(\frac{b}{h}, \frac{h}{L}, \frac{h}{H}, \frac{t}{\sqrt{L/g}}, \theta, \varphi, C_s, \frac{d}{h}, \frac{\rho_s}{\rho}, \frac{\rho_f}{\rho}, \frac{k}{h^2}, \frac{\rho h \sqrt{gL}}{\mu_f}, \frac{E}{\rho g h}, \frac{\sigma}{\rho g h}\right)$$
(2.2)

函数式（2.2）包含15个无量纲量，其中时间尺度为$\sqrt{L/g}$，速度尺度为$\sqrt{Lg}$，质量尺度为ρh^3。从函数表达形式来看，时间尺度$t_l = \sqrt{L/g}$是一个表征泥石流演进的独立变量，函数式中后三项均含有潜在的物理含义，而其余项则为较直接的物理定义或简单的比值关系，因此下面将仅对时间尺度和函数式中后三项进行分析。

在实际情形中，泥石流的演进过程随时间而变化，考虑泥石流的深度平均切变率$\dot{\gamma} \sim u/h$，则其垂向时间尺度$t_h = h/\sqrt{Lg}$，从而可知，描述泥石流剪切变形的垂向时间尺度与表征其演进方向的纵向时间尺度之比为

$$\frac{t_h}{t_l} = \frac{h/\sqrt{Lg}}{\sqrt{L/g}} = \frac{h}{L}$$
(2.3)

通常地，泥石流满足条件h/L远小于1，这反映了泥石流特征沿纵向变化慢于垂向变化，为采用深度平均理论研究泥石流演进提供了实际依据，同时，这也表明单独研究泥石流剪切变形和纵向演进是可行的，即假定泥石流为恒定剪切流具有一定合理性。

函数式（2.2）中$\sigma/\rho g h$反映了泥石流演进过程中的应力变化特征，该值随流体密度和垂向加速变化而变化，并且表明了泥石流的物理试验结果受尺寸效应影响，即物理试验可能无法完全揭示孔隙水压力变化对泥石流演进过程的影响[7]。$E/\rho g h$为弹性模量无量纲量，在实际地表流的流深变化范围内，以水体和空气的弹性模量典型值$2.2 \times 10^9 \text{Pa}$和$1.0 \times 10^5 \text{Pa}$为例估算，水体的弹性模量无量纲量远大于1，空气的弹性模量无量纲量只在流深较小时才逐渐大于1，即水体的压缩变形对地表流的演进几乎不产生影响，而空气压缩变形的影响却往往不可忽略[8]。$\rho h \sqrt{gL}/\mu_f$为衡量泥石流演进过程中惯性力与黏性作用相对重要性的Reynolds数，其中黏滞系数受浆体浓度、颗粒组分和粗颗粒摩擦等众多因素影响，目前主要通过流变试验和理论推导建立其计算式[9]。

由于泥石流运动过程中存在浆体黏性、颗粒碰撞、颗粒摩擦等多种应力作用，使得它的动力特征与一般颗粒流和河道挟沙水流等显著不同。为了评估泥石流形成和发展过程中的物理特性，已有学者通过量纲分析引入了若干无量纲特征量，除上述Reynolds数外，还有描述泥石流起动条件的Shields应力[10]，以及衡量泥石流运动过程中各种应力作用相对重要性的Bagnold数、Savage

数和 Darcy 数等[11]，其计算式分别为

$$\tau_{*c} = (1-n_e)(\tan\varphi - \tan\theta) - \frac{\rho_f}{\rho_s - \rho_f}\tan\theta \quad (2.4)$$

$$N_{Bag} = \frac{C_s}{1-C_s}\frac{\rho_s d^2 \dot{\gamma}}{\mu} \quad (2.5)$$

$$N_{Sav} = \frac{\rho_s d \dot{\gamma}^2}{N(\rho_s - \rho_f)g\tan\varphi} \quad (2.6)$$

$$N_{Dar} = \frac{\mu_f}{C_s \rho_s k \dot{\gamma}} \quad (2.7)$$

式中：τ_{*c} 为泥石流起动的临界 Shields 应力；N 为流深范围内颗粒数；N_{Bag}、N_{Sav}、N_{Dar} 分别衡量泥石流运动过程中颗粒碰撞与浆体黏性、颗粒碰撞与颗粒摩擦以及相间作用与颗粒碰撞的相对重要性。基于数据资料计算上述无量纲特征值，结果如图 2-2 和图 2-3 所示。

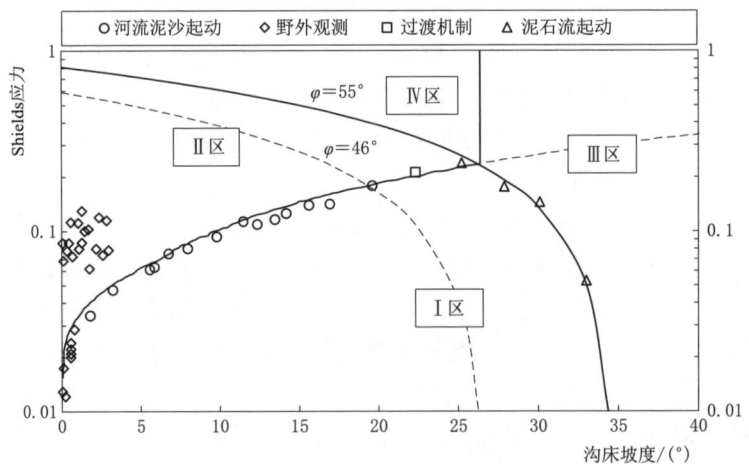

图 2-2 泥石流起动的无量纲特征值

（数据来源：Prancevic et al. 物理实验及野外调查[12]）

根据图 2-2，由 Lamb 等[14] 推导的沟床泥沙起动临界应力表达式和式 (2.4) 的计算结果绘制的临界曲线可以初步划分出不同的泥沙运动类型，其中，Ⅰ区对应泥沙不起动，Ⅱ区对应河流输沙过程，Ⅲ区对应泥石流过程，Ⅳ区对应缓坡高切应力输沙过程，如溃坝水流条件下的泥沙运动等。图 2-3 组成的特征空间可以粗略描述泥石流过程的应力特性，与河流相比，泥石流运动过程中固相颗粒间的碰撞和摩擦作用更为显著；在不同的泥石流运动过程中，浆体黏性和颗粒碰撞的影响变化更为显著。

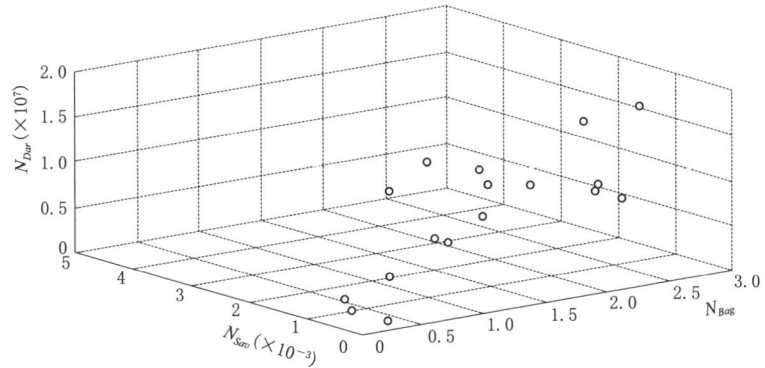

图 2-3 泥石流运动的无量纲特征值

（数据来源：云南省蒋家沟泥石流野外观测资料[13]）

2.2 泥石流的能量过程

沟道型泥石流的形成和演进是一个非线性的能量聚集和耗散过程，其中，能量来源主要包括松散岩土体的自重力和水流或浆体的水动力；能量耗散形式包括流体紊动、颗粒碰撞和摩擦、沟道堵塞体溃决、泥石流与沟床和边壁之间的作用等。泥石流在 t 时刻的能量守恒方程可以表示为

$$\Delta E_p^t = E_k^t - E_k^0 + E_f^t \tag{2.8}$$

式中：ΔE_p^t 为 t 时刻内势能的变化量；E_k^t 和 E_k^0 分别为 t 时刻和初始时刻的动能；E_f^t 为泥石流演进过程中其他形式的能量耗散量。在沟道型泥石流的动力过程中，初始势能主要包括形成区物源的势能、沟道沿程可侵蚀体的势能和水流势能。

在沟道型泥石流的形成过程中，前期因沟道中上游源地发生重力侵蚀等产生的松散堆积体，经过滑动、翻滚、掺混、搬运等动力过程聚集于沟道形成准泥石流体，处于一定的应力场中，具有初始势能；当准泥石流体受到的起动力增加或抵抗力减小时，准泥石流体在应力场中发生破坏，最终促使泥石流形成。崔鹏[15]通过建立以含水量为状态变量、沟床坡度和细颗粒含量为控制变量的泥石流起动突变模型分析得知，随着细颗粒含量增加，泥石流起动过程由突跃式、常动式转向缓动式；泥石流起动是一个尖点突变过程，具有多路径特性和发散性，以及起动的时间延迟特性。

在沟道型泥石流的演进过程中，一直伴随着能量的提供、传递、转化和消散，并且泥石流体中不同粒径颗粒的能耗形式将有所不同。泥石流作为一类特殊的固液两相流，液相能量耗损主要通过浆体黏性摩阻转化为热能散失，掺入浆体中的黏性颗粒以此能耗形式为主；固相能量耗损主要由颗粒碰撞和摩擦产生，Federico 和 Cesali[16] 基于能量方法分析了泥石流运动过程中不同粒径颗粒的能耗形式，根据其数值计算结果绘制特征曲线（见图 2-4）可知，粉粒和沙粒以摩擦耗能为主，砾石耗能开始向碰撞形式过渡，卵石耗能兼具摩擦和碰撞形式，而更粗颗粒将以碰撞耗能为主。

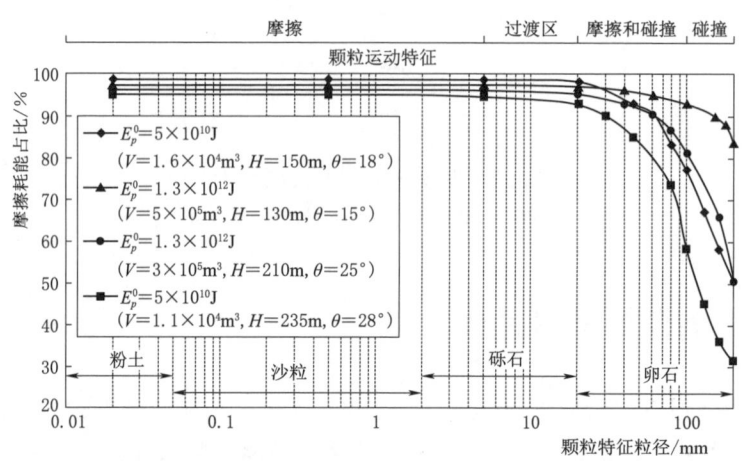

图 2-4 泥石流运动过程中不同粒径颗粒的耗能形式

（数据来源：Federico 和 Cesali[16]）

2.3 泥石流的输沙特征

泥石流的"触发—运动—堆积"过程通常伴随着输沙能力由弱到强、再由强到弱的变化。基于野外调查资料分析发现[17]，天然泥石流的堆积物剖面结构主要呈现出"上细下粗"的正粒序、粗细掺和的混杂粒序与"上粗下细"的反粒序三种分布特征；容重较低的稀性泥石流堆积扇两侧及前缘的细颗粒含量较多，而容重较高的黏性泥石流堆积扇两侧及前缘的粗颗粒含量较多。这些堆积特征包含着泥石流形成和演进过程的大量信息，也是泥石流输沙和动力特征的直观反映。

泥石流作为一类介于挟沙水流和滑坡之间的特殊固液两相流，其输沙方式也介于两者之间，泥石流的液相浆体可视为输送介质，剩余粗颗粒组成的固相可视为被输送物质。在泥石流的输沙过程中，不断掺入的固体颗粒使流体性质发生改变：一方面浆体上限粒径以内不断增加细颗粒而改变浆体的流变性质，增大泥石流的侵蚀和搬运能力；另一方面超过浆体上限粒径而掺入的粗颗粒，增加了泥石流的浓度,并且颗粒沉速也将减小。由于不同类型的泥石流演进过程具有不同的输沙特征,根据倪晋仁等[18]对泥石流的细化分类,将泥石流的输沙模式归纳为四种类型,见表2-1。

表2-1 泥石流的主要输沙模式

类型	泥流		水石流		一般泥石流	
	稀性	黏性	不饱和	饱和	稀性	黏性
流态	紊流	层流	紊流	层流	紊流	层流
判别指标	Re_*	Re_*	$C_s<0.35$	$C_s\geqslant 0.35$	$\rho<1.9\text{g/cm}^3$	$\rho\geqslant 1.9\text{g/cm}^3$
物质组成	较细	较细	较粗	较粗	粗细混合	粗细混合
液相应力	紊动力	屈服力 黏滞力	紊动力	—	紊动力	屈服力 黏滞力
固相应力	—	—	摩擦力 碰撞力	摩擦力 碰撞力	摩擦力 碰撞力	摩擦力 碰撞力
输沙模式	一相紊流输沙	一相层流输沙	两相紊流输沙	两相层流输沙	两相紊流输沙	两相层流输沙

根据云南蒋家沟泥石流的观测成果[19],泥石流的输沙形式主要包括单颗粒输移和群体或成层输移两种。前者又可分为悬移质和推移质,其输移能力随着流体容重、性质和输移条件的变化而变化,输移方式与一般挟沙水流相似;后者输移能力主要取决于表征流体结构强度的起始静切力、拖曳力和沟床抗剪强度等,当黏性足够大,泥石流输移方式与滑坡相似。结合表2-1中的泥石流输沙模式分类,对于层流输沙,可采用力学平衡或能量耗散原理分析其输沙特征[20];对于一相紊流输沙,可近似采用高含沙水流挟沙力的研究成果分析其输沙特征。

对于中、低含沙量水流的挟沙力已有较为广泛的研究,代表性的计算方法大致包括三类:一是以Einstein床沙质函数[21]为代表,利用流速分布和含沙量分布公式计算输沙率;二是以张瑞瑾公式[2]为代表,基于能量制紊假设提出的半经验公式,该类公式在我国生产、科研中的应用最为广泛,费祥俊等[22]专门分析了这类公式存在的优缺点,韩其为[23]、舒安平等[24]进一步考虑容重和沉速等因素的影响,建立了与之结构类似的高含沙水流挟沙力公式;三是韩其为基于泥沙运动统计理论建立的挟沙力公式[23],该类公式具有较深刻的理论背景,且计算结果也能基本符合实际。

泥石流的两相紊流输沙模式比较复杂,流体内部包含液相浆体、固相颗粒以及固液两相之间的相互作用,因此分析其输沙特征时还需要考虑液相浆体黏度、容重、固相颗粒碰撞和摩擦等因素的影响,泥石流挟沙力的一般式可表述为

$$S_* = f\left(C_s, \mu_f, f_d, \frac{\gamma}{\gamma_s - \gamma}, \frac{u^3}{h\omega}\right) \quad (2.9)$$

式中：f_d 为流动阻力。

为了对比泥石流与天然河流的输沙特征，采用蒋家沟泥石流观测数据[19]和天然河流的实测资料[25]绘制含沙量与水沙因子的关系，如图 2-5 所示。泥石流运动过程中的水沙条件和输沙能力均明显强于天然河流，且在相同的水沙条件下，泥石流的挟沙力也强于河流；从河流过渡到泥石流，挟沙能力不断增强，含沙量与水沙因子的正相关性减弱，这与流体黏度增加、流变性质改变、颗粒沉速减小、颗粒摩擦和碰撞等因素密切相关。

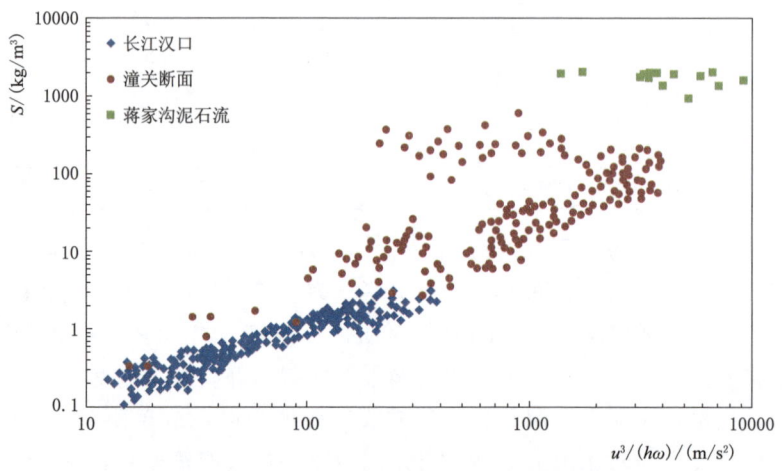

图 2-5 泥石流和天然河流的含沙量与水沙因子的关系

2.4 泥石流的阻力特征

泥石流的运动阻力决定着流场中流速、流深和固体浓度等参数三维分布的微观特性，影响着沟道内泥沙侵蚀和淤积的规模及分布，它反映了泥石流外在的宏观特性。泥石流的阻力特征受沟道边界条件和泥石流体自身物理力学性质等共同影响。目前，关于泥石流阻力特征的研究途径主要包括采用统计学分析泥石流的观测数据资料，以及通过建模分析泥石流的重要物理过程。前者较为笼统无法清晰地揭示泥石流的内在阻力机理，后者受模型假定条件限制只能揭示泥石流运动阻力的部分特征。

在实际情况中，泥石流阻力的影响因素可能产生促进运动、抑制运动或两者兼备的效果。为了能够较系统地阐述泥石流的阻力特征，根据产生的运动效果把影响因素划分为单效应和双效应两类。以下将结合泥石流阻力的主要影响因素，分析其阻力特征。

2.4.1 沟道边界条件

泥石流的沟道边界条件包括沟床和沟壁的几何形态及粗糙度，它们约束着泥石流的形成和演进过程，属于单效应因素。当床面或边壁具有可侵蚀物质供给时，沟道边界还将通过侵蚀作用影响泥石流的阻力特征。目前，沟道的粗糙度主要采用带有经验性的糙率描述，而沟道的侵蚀作用则已有一些重要的试验成果发现。

一方面根据 Mangeney 等[26]的试验观测，当沟床可侵蚀厚度足够大时，颗粒流首先以高速运动，紧随其后有一个慢速的薄层流，侵蚀作用主要发生在该慢速区和颗粒流的减速阶段，其原因可能在于颗粒流处于高速运动状态时，没有足够的延迟时间保证床面泥沙颗粒加速至颗粒流的速度。另一方面根据 Iverson 等[27]对泥石流床面侵蚀的试验研究，泥石流侵蚀过程伴随着动量和流速的增大而发展，其原因主要在于床面孔隙压力增大能够促使侵蚀作用发生。因此，沟道侵蚀作用对泥石流阻力的影响具有双效应特点。

2.4.2 沟床物质含水率

根据土力学中的有效应力原理，沟床物质含水率增加可以促使床面形成较大的正孔隙压力。当孔隙水压力增加且不能及时消散时，可以降低床面摩擦和泥石流的龙头阻力，出现泥浆飞溅的加速现象[28]。上述过程产生了泥石流速度、质量和动量增加的正反馈，而在干燥床面，侵蚀作用将引起泥石流动量减小的负反馈，这在 Iverson 等[27]的大型水槽试验中得到了较好解释。因此，沟床物质含水率属于单效应因素。

2.4.3 细颗粒含量

不同的颗粒级配情况可以导致阻力特征差异的泥石流形成。根据王兆印等[29]早期野外调查发现，当形成伪一相泥石流时，它的运动过程具有间歇性、铺床现象及明显减阻等特点；当形成两相泥石流时，两相之间有明显的相对运动，其运动过程将具有较大阻力及发生石街现象。学者们[30]在早期就对细颗粒在泥石流阻力特征中的影响有了较全面的认识，一方面细颗粒通过在水中形成絮凝结构可以提高浆液的黏性和屈服应力，从而增大黏性剪切阻力；另一方面细颗粒通过抑制紊动发展促使更多较粗颗粒悬浮，可以提高浆体容重、减小颗粒沉速和颗粒间离散力，使得含沙量和流速垂线分布趋于均匀，从而减小阻力损失，同时细颗粒黏附粗颗粒周围还可减小粗颗粒间的摩擦阻力。

对于较粗颗粒[31-32]，一方面由于颗粒之间的相互碰撞需要消耗能量，同时由于粗颗粒占据了流动断面的部分面积，流体的黏度将有所提高；另一方面由于粗颗粒之间的相互接触而产生摩擦力，也需要消耗能量，故粗颗粒增加主要增大阻力。因此，细颗粒属于双效应因素，粗颗粒属于单效应因素。

2.4.4 固体浓度

固体浓度属于双效应因素，它对不同类型的泥石流阻力影响有所不同。对于黏性泥石流，一方面固体浓度增加使得内部阻力增大，另一方面颗粒沉速将随浓度增加而迅速减小，使得一部分较粗颗粒转向悬移运动。当固体浓度高、颗粒间处在长时间接触时，表现出以摩擦作用为主，当固体浓度较低、颗粒间距较大时，颗粒以碰撞传递动量为主。

随着泥石流浓度下降，固体颗粒开始有分选地被输运。Johnson 等[33]通过大型水槽实验研究了泥石流的颗粒物质分选机理及泥石流垂向速度分布规律。周公旦等[34]研究发现，泥石流运动过程中的颗粒物质分选对泥石流颗粒间孔隙水压力具有重要影响，这是进一步决定泥石流流态和流动性的关键性因素。

综上所述，沟道边界条件、沟床含水率和粗颗粒含量属于单效应因素，细颗粒含量和固体浓度属于双效应因素，并且沟道侵蚀也具有双效应特点。基于现有数据资料点绘两类因素与泥石流阻力的关系，如图 2-6 所示。结果表明，单效应因素与阻力有较明显的正负相关性，并且沟床含水率对阻力的影响更为敏感；双效应因素与阻力的关系比较复杂，它们对泥石流运动既能产生促进作

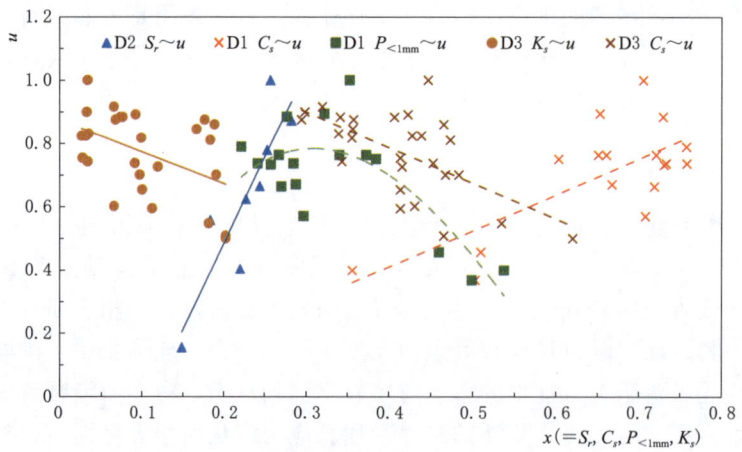

图 2-6 不同因素对泥石流流速的影响特征

（说明：编号 D1、D2 和 D3 的数据分别来源于文献 [19]、[27] 和 [35]；
符号 S_r、C_s、$P_{<1mm}$、K_s、u 分别表示沟床物质含水率、固体浓度、粒径小于 1mm 的细颗粒含量、沟床粗糙度和标准化速度）

用，又能表现抑制效果，因此在建立泥石流的阻力模型时需要特别注意双效应因素的影响特征。

2.5 典型泥石流动力特征

汶川地震诱发的崩塌滑坡，导致震区大量泥石流沟道内形成了大型堵塞体，在暴雨作用下，极易激发形成规模巨大、危险性高的溃决型泥石流，比如 2010 年 8 月 13 日暴发的红椿沟泥石流、2013 年 7 月 11 日暴发的七盘沟泥石流等。这类泥石流与一般型泥石流的区别主要在于，它是因沟道内的堵塞体溃决造成突发性高强度洪水冲蚀而引发的，沟道内存在的堵塞体溃决，使得这类泥石流的发生、发展过程具有鲜明特点，呈现出成灾快、规模大、破坏力强等特征。

泥石流容重、流量或流速以及冲击力是表征泥石流动力特征最为重要的三个指标。其中，泥石流的容重是泥石流最基本的物理指标，不仅能反映泥石流的成因类型，也决定着泥石流活动特征的诸多方面；泥石流的流速与流量是泥石流动力过程研究中的关键问题，在天然状态下，流量能够综合反映出流域的产汇过程，以及物源、地形和水源三大条件的基本特征；泥石流冲击力是揭示泥石流动力性质的重要参数，它包括泥沙浆体的整体冲压力和大石块的冲击力两部分。

为了揭示典型沟道型泥石流的基本动力特征，选取强震区三个典型的溃决型泥石流事件作为研究对象。通过野外调查和样品试验分析，确定泥石流沟道内典型部位的流体容重，测量泥石流流通区内典型沟道断面（沿程沟道形态变化显著的位置）的流面比降（若不能由痕迹确定，则用沟床比降代替）、泥位高度（或水力半径）和泥石流过流断面面积等参数，用相应的泥石流流速计算公式求出断面平均流速，再计算泥石流在流通区内的断面峰值流量[36]：

$$Q_c = W_c V_c \tag{2.10}$$

式中：W_c 为泥石流过流断面面积，m^2；V_c 为泥石流断面平均流速，m/s。

稀性泥石流流速计算公式如下：

$$V_c = \frac{1}{\sqrt{\gamma_H \phi + 1}} \frac{1}{n} R^{\frac{2}{3}} J^{\frac{1}{2}} \tag{2.11}$$

式中：γ_H 为泥石流中固体物质比重，t/m^3；ϕ 为泥石流泥沙修正系数；n 为清水河床糙率；R 为水力半径，m，一般可用平均水深代替；J 为泥石流水力坡度，‰，一般可用沟床纵坡代替。

黏性泥石流流速计算公式如下：

$$V_c = \frac{1}{n_c} H_c^{\frac{2}{3}} J_c^{\frac{1}{2}} \tag{2.12}$$

式中：n_c 为黏性泥石流的沟床糙率；H_c 为泥位高度，m；J 为泥石流水力坡度，‰，一般可用沟床纵坡代替。

泥石流冲击力包括泥沙浆体的整体冲压力和大石块的冲击力两部分[36]。

泥石流整体冲压力的计算公式如下：

$$P = \lambda \frac{\gamma_c}{g} V_c^2 \sin\alpha \tag{2.13}$$

式中：P 为泥石流整体冲压力，kPa；γ_c 为泥石流容重，kN/m³；g 为重力加速度，m/s²；λ 为受力面形状系数，圆形取 1.0、矩形取 1.33、方形取 1.47；α 为受力面与泥石流冲压力方向的夹角，(°)。

当泥石流沟道内堵塞严重且沟床内固体物源动储量丰富时，在暴雨作用下很可能暴发黏性泥石流并运移沟道内大石块，其产生的冲击力可用式（2.13）计算：

$$F = \gamma V_c \sin\alpha \sqrt{\frac{w}{c_1 + c_2}} \tag{2.14}$$

式中：F 为泥石流大石块冲击力，kN；γ 为动能折减系数，一般取 0.3；w 为大石块质量，kg；c_1、c_2 为大石块与材料的弹性变形系数，m/kN，$c_1 + c_2 = 0.005$。

通过采用上述公式计算沟道流通区典型断面的流速与流量，以及典型部位泥石流容重、泥石流整体冲压力与堆积扇上大石块的冲击力，分析野外测量参数及计算结果，描绘泥石流容重、流速与流量，以及泥石流整体冲压力在流通区内的沿程变化曲线，进而可分析泥石流的基本动力特征。

2.5.1 舟曲泥石流

2010 年 8 月 7 日晚，甘肃省舟曲县受强降雨影响，7 日 21 时至 8 日凌晨 4 时，县城后山的三眼峪沟和罗家峪沟累积降雨量达 96.3mm，触发泥石流的小时雨强达 77.3mm[37]。据统计，两条沟暴发的大规模泥石流，造成多人死亡与失踪，冲毁房屋 5500 余间，淤埋耕地 1400 余亩。泥石流穿过县城，冲毁桥梁 8 座，堵塞白龙江并形成长约 550m，宽 70m 的堰塞坝。

舟曲县城后山的三眼峪主要包括大、小峪两条支沟，流域面积为 25.75km²，沟谷向南北伸展，地势北高南低，主沟长 9.7km，流域相对高差为 2440m，主沟平均纵比降为 0.241；罗家峪沟流域面积为 16.60km²，主沟长 8.5km，流域相对高差为 2420m，主沟平均纵比降为 0.239。整个流域内支沟发育，水系平面形态呈"树枝"状，三眼峪沟内有常流水，罗家峪沟内无常流水，流域如图2-7所示。该两条泥石流沟内分布有中泥盆统的炭质板岩、千枚岩夹薄层灰岩和砂岩、下二叠统的中厚层灰岩、上二叠统的中厚层含硅质条带灰岩，受印支、燕山和喜马拉雅山等多期造山运动的影响，区内构造十分复杂，断裂发育，褶曲强烈，岩体极为松动破碎，舟曲属强震区，地震烈度为Ⅶ度。

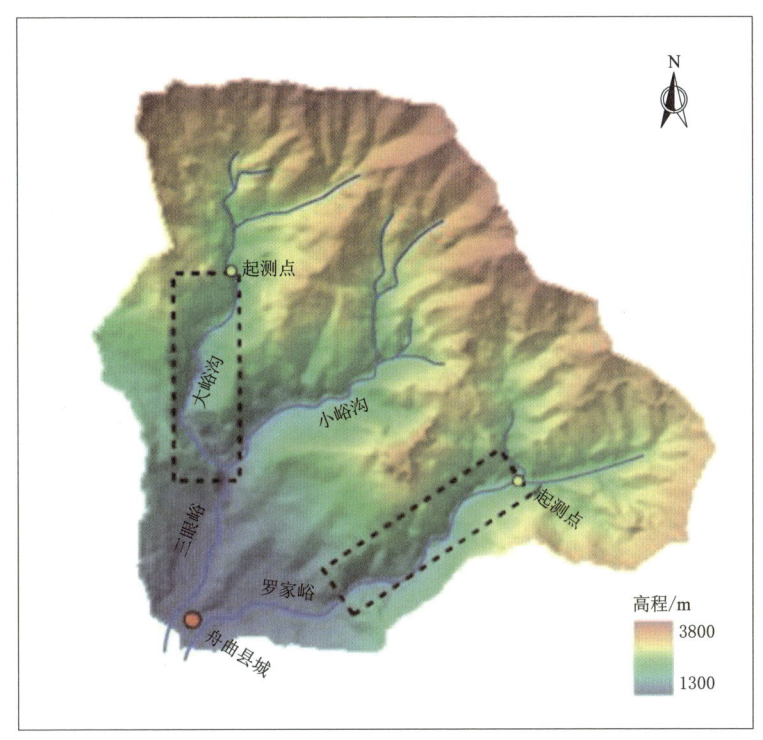

图2-7 三眼峪和罗家峪沟流域图

三眼峪沟在1992年暴发泥石流后，于1997年在沟道内修建了5道拦挡坝来稳固沟道内物源，汶川地震后又在沟内修（在）建了3道拦挡坝。三眼峪沟内还有多处由于崩塌体堵塞沟道形成的天然堆石坝，这些堆石坝拦截了沟道内的大部分泥沙，三眼峪的两条支沟大、小峪沟沟道内可直接补给泥石流的固体物质约2000万 m^3，天然堆石坝和人工修建的多道拦挡坝为泥石流的形成提供了多个集中固体物源。罗家峪沟内也有许多可直接补给泥石流的固体物质。

根据对泥石流的野外调查和样品试验分析，判定此次泥石流为高容重黏性泥石流，其泥沙体积浓度接近0.7。沟道内泥石流体中黏粒含量占5%左右，野外取样试验[37]得到，大峪沟泥石流容重为2.13g/cm^3，小峪沟泥石流容重为2.19g/cm^3，罗家峪沟泥石流容重为2.16g/cm^3。

利用式（2.10）和式（2.12）计算罗家峪和三眼峪从上游起始勘测点向下游的流通区段内（图2-7中虚线框范围）典型断面的流量和平均流速[38]，其变化曲线如图2-8和图2-9所示。由图2-8可见，罗家峪沟泥石流的流量与流速在流通区内存在明显的暴涨暴落现象，如E-F和K-L-M为典型的暴涨段（即流量放大），F-G和M-N为典型的暴落段（即流量消减），其中，K-L-M段表明，泥石流流量在300m左右的范围内可激增到10倍多，M-N段表明，泥石流流量在200m左右的范围内可消减近4倍，而对于一般型的泥石流，这种变化幅度的极限值常在3倍以内。类似地，由图2-9可见，H-I-J段表明，泥石流流量在200m左右范围内可剧增到12倍，J-K-L段表明，泥石流流量在700m范围内可消减近11倍。由此可见，泥石流的流速和流量随着流通区内条件突变可能发生暴涨暴落变化。

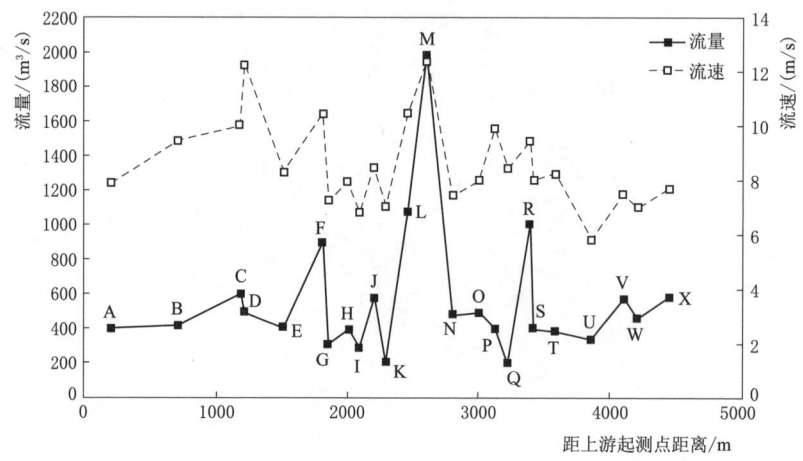

图2-8 罗家峪沟流通区流量与流速沿程变化曲线（文献[38]）

假定泥石流整体作用的受力面为矩形，且与泥石流冲压力方向垂直，则利用式（2.13）计算罗家峪和三眼峪从上游起测点向下游的流通区段（图2-7中虚线框范围）内典型断面的泥石流整体冲压力，其变化曲线如图2-10和图2-11所示。由图可见，流通区内的泥石流体整体冲压力也存在明显的暴涨暴落现象，在200～300m范围内，其变化幅度可达3倍之多，在大峪沟内200m范围里变化幅度最大可超过12倍，如图2-11中的H-I-J段。假定大石块作用的受力面与石块的冲击力方向垂直，根据调查测量，三眼峪沟泥石流堆积扇上最大石块的长、宽、高分别是6m、5.8m和4.9m，罗家峪沟泥石流堆积扇上最大石块长、宽、高分别为5.2m、3.5m和2.4m，由于堆积扇的比降较小，堆积扇上速度按沟口速度折减一半[37]，则利用式（2.14）计算罗家峪和三眼峪泥石流堆积扇上大石块的冲击力分别为5774kN、14260kN。

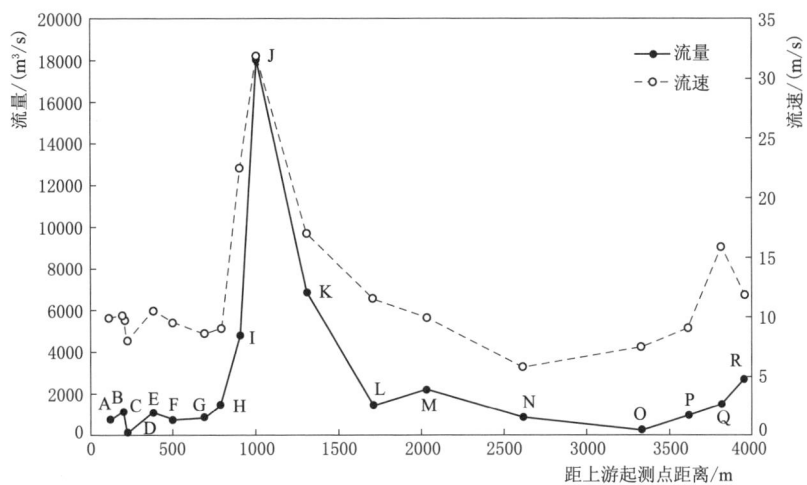

图 2-9 三眼峪（大峪）沟流通区流量与流速沿程变化曲线（文献［38］）

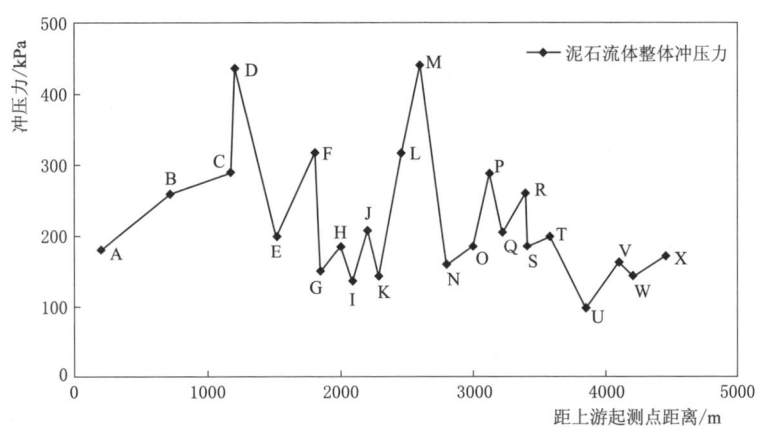

图 2-10 罗家峪沟流通区泥石流体整体冲压力沿程变化曲线

根据对舟曲泥石流流通区内流量与流速，以及泥石流体整体冲压力的沿程变化规律分析可见，该次泥石流活动的关键指标沿程表现出暴涨暴落的特点。通过野外调查与资料分析发现，这种指标值变幅巨大的特点主要受两方面因素的影响：一是流通区沟道形态的变化；二是沟道内堵塞体的溃决，该因素是此次泥石流与一般型泥石流的主要区别，堵塞体的溃决在泥石流的活动过程中起主控作用，泥石流沟道内典型的堵溃情况如图 2-12 所示。

泥石流暴发前，舟曲县城后山的三眼峪和罗家峪沟沟道内均存在丰富的松散物源，由于区内沟道狭窄，容易在沟道内堆积形成天然堵塞体；另外，汶川地震使该流域内进一步产生了更多的松散物源，并堆积形成新的堆石坝[37-39]，

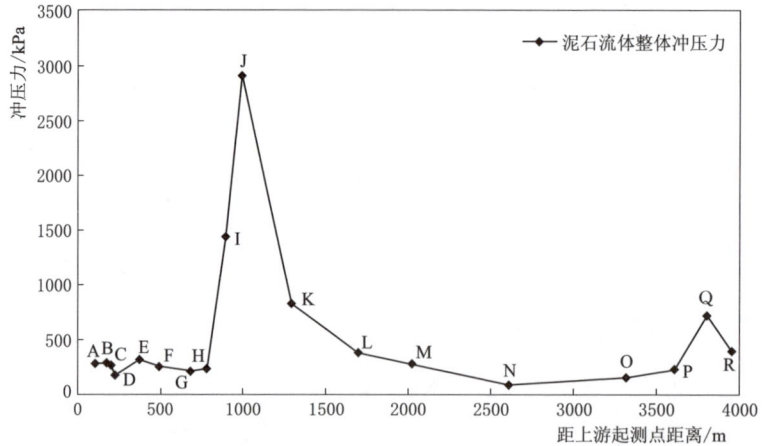

图 2-11 三眼峪（大峪）沟流通区泥石流体整体冲压力沿程变化曲线

图 2-12 三眼峪沟道内的典型堵溃情况

从而造成沟道严重堵塞。在局地强降雨作用下，沟道内的天然堵塞体发挥着类似于大坝"拦沙蓄水"的功能，随着上游水位不断上升，堵塞体快速达到饱水状态，自身抗剪强度也随之不断降低直至溃决。在沟道内堵塞体发生溃决后，固体物质不断掺混入水体内，使流体容重不断增大，进而发展形成高容重黏性泥石流。

2.5.2 红椿沟泥石流

2010年8月12—14日，汶川震区映秀镇受强降雨影响，位于岷江左岸的红椿沟暴发特大泥石流，泥石流体冲入江中堵断河道，水流受挤压向右岸改道，水位迅速抬升淹没了刚刚建成的映秀镇新区，此外还淤埋了沟口 213 国道 400m，掩埋在建映汶高速公路路基及多个桥墩，泥石流灾害造成 17 人失踪。红椿沟泥石流发生前降雨量达 162.1mm，诱发此次泥石流的小时雨强为 16.4mm[40]。

红椿沟平面形态呈扇形，流域面积 5.35km^2，主沟纵长 3.6km，相对高差 1280m，主沟平均纵坡降约 358‰。沟内水系平面呈"树枝"状，右岸发育甘溪铺沟、大水沟和新店子三条较大支沟，沟内存在大量崩塌滑坡体，松散物源极为丰富；左岸分布有龙家沟等，沟内植被较为发育，松散固体物源较少，总体属清水沟[41]。红椿沟流域如图 2-13 所示。该区地处龙门山断裂带上，地质构造复杂，流域地形属深切割的构造侵蚀低山和中山，总体上具有岸坡陡峻、切割深度较大的特点。区内出露地层主要为震旦系地层和第四系冲洪积层、残坡积层、崩积层、滑坡堆积层地层。受地形及汶川地震影响，流域内表层土体松散。

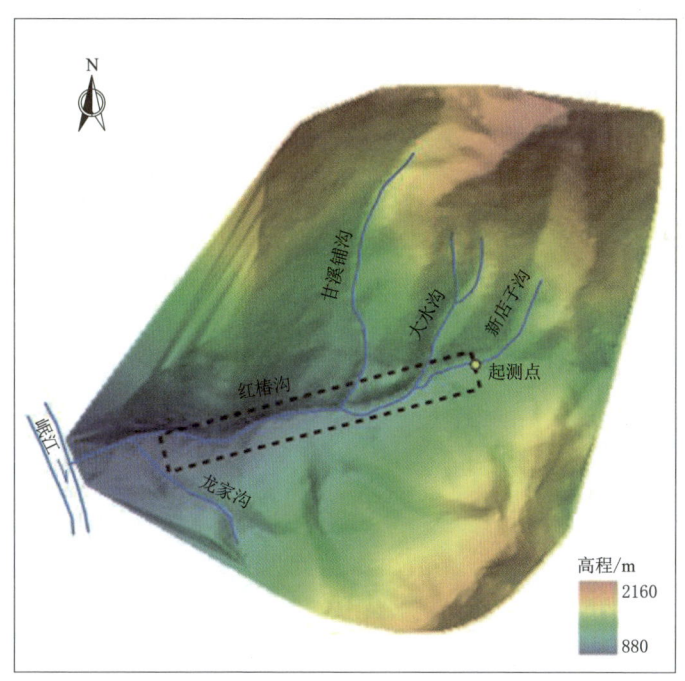

图 2-13 红椿沟流域图

根据对泥石流的野外调查和样品试验分析，判定其为黏性泥石流。该次泥石流的容重从上游起测点向下游的流通区段（图 2-13 中虚线框范围）内变化情况如图 2-14 所示，在泥石流体从上游向下游的演进过程中，固体物质不断混入流体内，使得泥石流容重随之增大，且在 c 点即甘溪铺沟口附近处，由于存在大型的天然滑坡堵塞体，堵塞体溃决使得泥石流容重增幅最大，而后，在左岸龙家沟的清水汇入作用以及沟道变宽的影响下，泥石流体的容重略有降低。

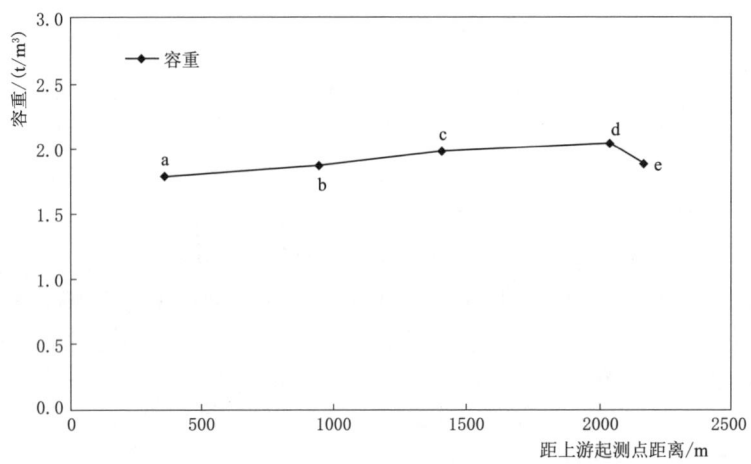

图 2-14　红椿沟流通区泥石流容重沿程变化曲线

利用式（2.10）和式（2.12）计算红椿沟从上游起测点向下游的流通区段（图 2-13 中虚线框范围）内典型断面的流量和平均流速（参考四川省华地建设工程有限责任公司 2010 年 11 月编制的《汶川县映秀镇红椿沟特大型泥石流补充勘查报告》），其变化曲线如图 2-15 所示。从图中可见，红椿沟流通区内流量存在一段明显的增加过程即 E—K 段，其中增幅最大发生在 E—F—G 段，即甘溪铺与主沟交会口附近，泥石流流量在 500m 范围内可激增至 8 倍多。

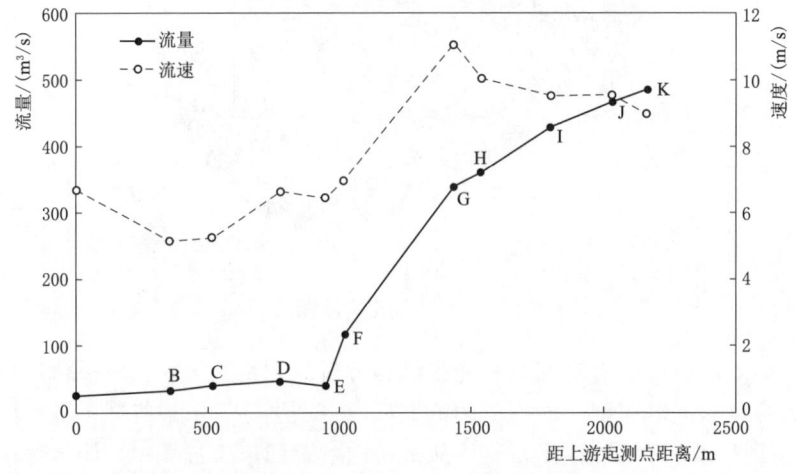

图 2-15　红椿沟流通区流量与流速沿程变化曲线

假定泥石流整体作用的受力面为矩形，且与泥石流冲压力方向垂直，则利用式（2.13）计算红椿沟从上游起测点向下游的流通区段（图2-13中虚线框范围）内典型断面的泥石流整体冲压力，其变化曲线如图2-16所示。假定大石块作用的受力面与石块的冲击力方向垂直，根据调查测量，红椿沟泥石流堆积扇上最大石块长、宽、高分别为3.3m、2.5m和2.4m，将堆积扇上速度按沟口速度折减一半，利用式（2.14）计算红椿沟泥石流堆积扇上大石块的冲击力为4373kN。

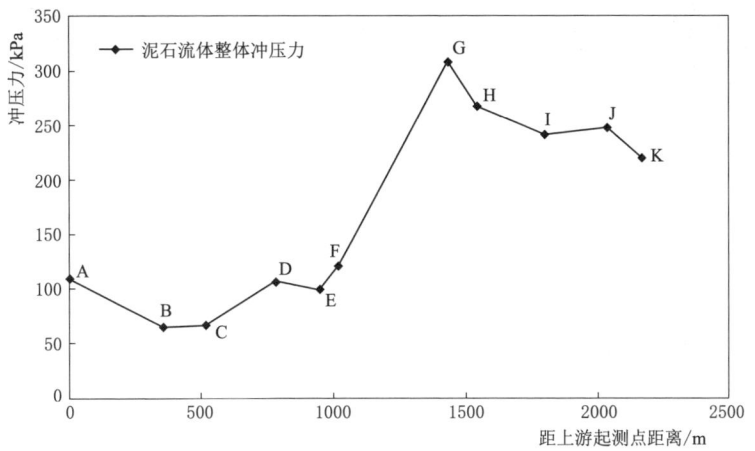

图2-16 红椿沟流通区泥石流体整体冲压力沿程变化曲线

根据对红椿沟泥石流流通区内典型断面处的容重、流量与流速，以及泥石流体整体冲压力的沿程变化规律分析发现，泥石流在流通区内的容重、流量与流速，以及泥石流体整体冲压力存在一个同步的增长过程，且增幅最大发生在G点位置，即甘溪铺沟沟口附近。由于该沟口附近发育多处崩塌滑坡，形成了大量松散物源堵塞沟道，在上游流体的冲刷侵蚀作用下，堵塞体发生溃决，致使泥石流的活动指标值增幅最大。泥石流沟道内典型的堵溃情况如图2-17所示。

通过实地调查分析，红椿沟暴发的此次泥石流主要受控于甘溪铺沟与主沟交汇口附近大型堵塞体发生的溃决过程。一方面，在泥石流发生前，较长时间的降雨过程，使得整个流域沟道内的堵塞体均较容易达到饱水状态，抗剪强度随之降低，且由于甘溪铺支沟纵坡较陡，使得其沟道内的松散堆积体受水流的强烈侵蚀作用而发生溃决，随之向下游运动，在该过程中，沟道内的堵塞体不断被冲刷，泥石流物质继续得到补充，使得沟道断面流量也随之增大，甘溪铺沟泥石流汇入主沟后，由于交汇角较大，不利于泥石流体疏导，因此交汇口附近形成堵塞；另一方面，主沟上游的大水沟和新店子沟在降雨作用下也形成了

图 2-17 红椿沟泥石流流通区内的典型堵溃情况

一定规模的泥石流向下游运动汇集，到达甘溪铺交会口处时受堵塞体阻拦，泥石流体的规模不断增大，堵塞体在上游流体的侵蚀冲刷作用下发展形成溃口，并不断被拓宽直至最终发生溃决，形成大规模泥石流在主沟内继续向下游运动，随着溃决后流体整体冲压力的增大，下游沟道内堆积的崩滑体也不断被冲刷搬运。

2.5.3　七盘沟泥石流

2013 年 7 月 8—12 日，都汶公路沿线普降暴雨，激发了大量泥石流。位于汶川县城威州镇的七盘沟于 7 月 11 日凌晨 3：00 左右暴发大规模泥石流灾害。根据四川省气象局汶川县威州镇七盘村站点记录的降水数据，泥石流暴发前 84h 累积雨量达 119.3mm，泥石流激发小时雨强为 6.4mm。据现场调查访问，该次泥石流冲毁了七盘沟村大部分民房和工厂，造成多人死亡或失踪，泥石流冲入岷江后，堵断河道形成堰塞湖，淹没了上游村庄，造成重大损失。

七盘沟是岷江左岸的一级支沟，流域面积 54.2km^2，海拔 1320～4360m，相对高差达 3040m，主沟长 15.1km，平均纵坡 190‰。七盘沟流域地形呈叶脉状，发育数十条支沟，沟道弯曲多变。七盘沟流域位于龙门山华夏系构造体系之中南段的九顶山华夏系构造带内，区内地质构造复杂，断裂发育，地形切割强烈，主要断层有茂汶断层。流域内出露地层由新至老包括第四系、泥盆系、震旦系和燕山期、印支期与华里西期火成岩，沟道两岸岩体节理裂隙发育，岩石破碎。受汶川地震影响，岩体崩塌，坡积物滑落，进一步增加了沟道内的松散物源量，致使沟道内形成了 7 个较大规模的堵塞体，另外，根据野外调访发现，泥石流暴发前，七盘沟沟道内存在 4 处较大规模的堰塞湖，即老鹰岩、黄泥槽、3号桥和红石潮四个位置，且在泥石流发生前，由于受长时间降雨的影响，4处堰塞湖均出现漫流现象。七盘沟流域如图2-18所示。

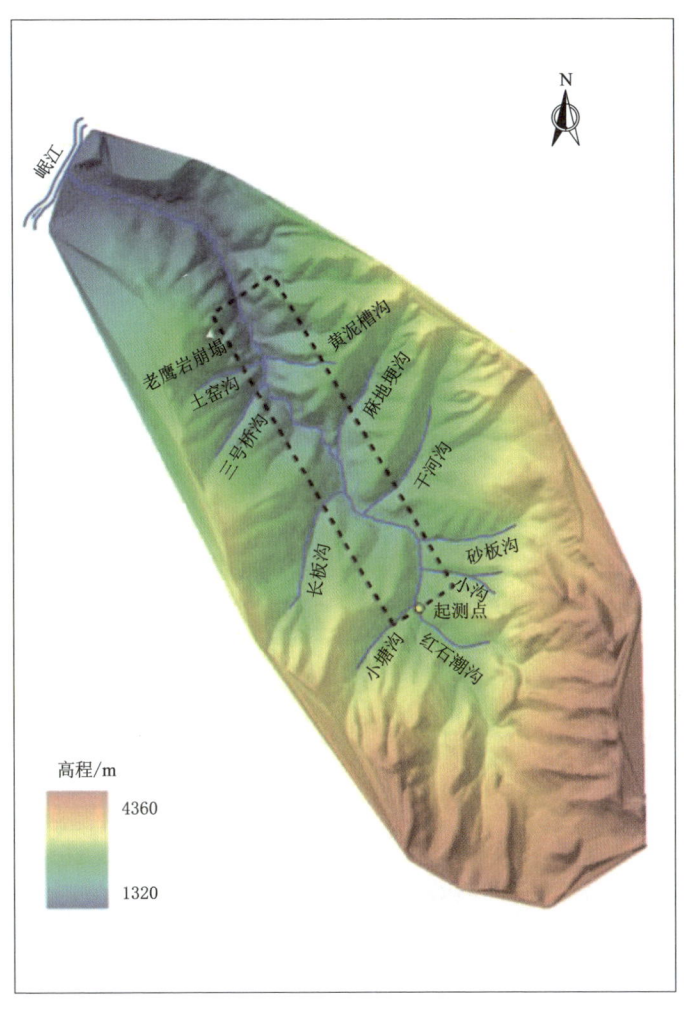

图2-18　七盘沟流域图

根据对泥石流的野外调查和样品试验分析，判定此次泥石流为黏性泥石流。该次泥石流的容重从上游起测点向下游的流通区段（图2-18中虚线框范围）内变化情况如图2-19所示，其总体表现为从上游向下游先增大而后在小范围内波动。其增大的过程主要与沟道内物源补给量较大，且多处堵塞体溃决时产生强烈冲刷使补给物源不断增加有关，容重变小主要受沟道断面变宽发生淤积的影响。

利用式（2.10）和式（2.12）计算七盘沟从上游起测点向下游的流通区

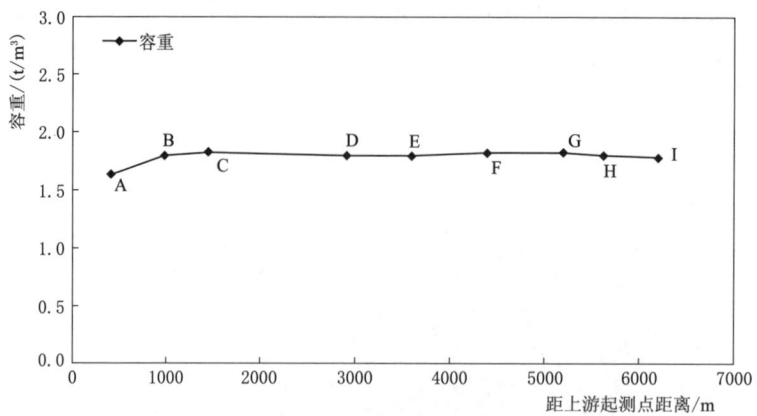

图 2-19 七盘沟流通区泥石流容重沿程变化曲线

段（图 2-18 中虚线框范围）内典型断面的流量和平均流速，其变化曲线如图 2-20 所示。从图中可见，泥石流流量沿程变化存在三个典型的放大过程和消减过程，其中，B-C-D 段流量放大过程受控于红石潮崩塌堆积体形成的堰塞湖溃决，G-H-I 段流量增加受三号桥和黄泥槽堰塞湖溃决影响，K-L 段放大过程受老鹰岩堰塞湖溃决影响；E-F 段流量消减受弯道约束和沟道变宽共同影响，I-J-K 段流量减小受控于下游老鹰岩堵塞体阻碍及沟道堆积作用，L-M 段流量消减主要是由于沟道变宽且纵坡减小，泥石流体淤积减速所致。流量变幅最大发生在老鹰岩位置附近，在 300m 左右范围内流量放大效应可达 4 倍。

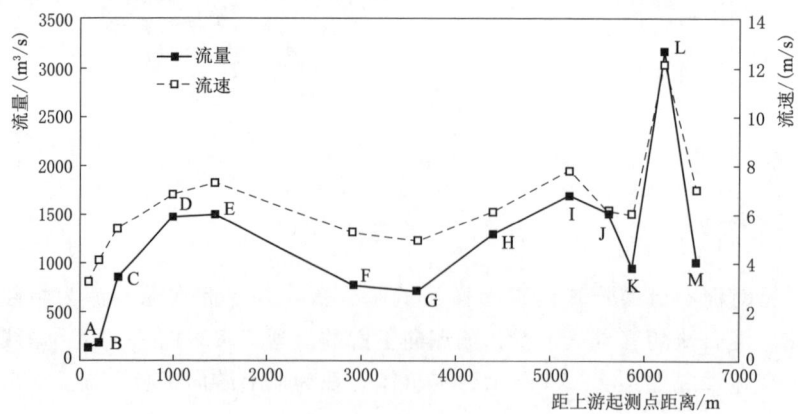

图 2-20 七盘沟流通区流量与流速沿程变化曲线

假定泥石流整体作用的受力面为矩形，且与泥石流冲压力方向垂直，则利用式（2.13）计算七盘沟从上游起测点向下游的流通区段内典型断面的泥石流整体冲压力，其变化曲线如图 2-21 所示。从图中可见，流通区内的泥石流体整体冲压力变化特征与流量变化基本一致，且在老鹰岩位置附近达到最大值 348kPa。假定大石块作用的受力面与石块的冲击力方向垂直，根据调查测量，七盘沟泥石流堆积扇上分布有大量从沟道内冲出的石块，选取其中冲击民房的典型大石块长、宽、高分别为 6.5m、5.7m 和 6m，其运动速度按沟口处速度折减一半，则利用式（2.14）计算堆积扇上该石块的冲击力为 10420kN。

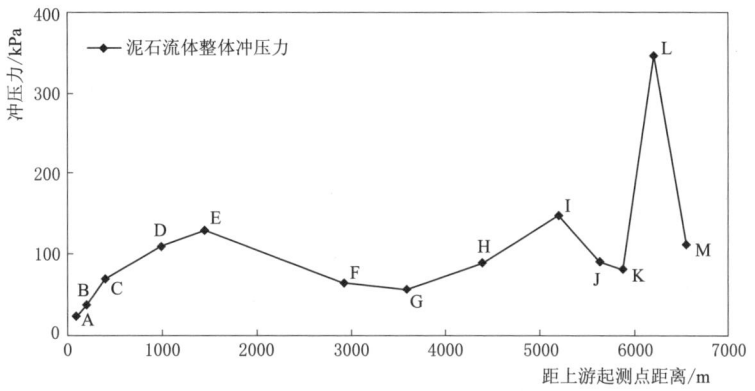

图 2-21 七盘沟流通区泥石流体整体冲压力沿程变化曲线

根据对七盘沟泥石流流通区内泥石流容重、流量与流速，以及泥石流体整体冲压力的沿程变化规律分析发现，七盘沟泥石流在流通区内的容重、流量与流速以及泥石流体整体冲压力随着沟道形态特征变化和沟道内堵塞体溃决补给物源量增加发生显著变化。七盘沟泥石流属于典型的沟道溃决型泥石流，在其暴发过程中，支沟由于自身坡降大均较早于主沟发生泥石流，当泥石流体汇入主沟后导致沟道进一步堵塞，同时，由于沟道内存在的四个较大规模堰塞湖的蓄水拦挡作用，沟道内物质的势能不断增加，随着水流的不断侵蚀冲刷，堵塞体最终发生溃决，势能快速转化为动能，从而形成大规模高强度泥石流。

通过野外调查发现，此次七盘沟暴发大规模泥石流主要受沟道内多处大型堵塞体溃决的影响，沟道内典型堵塞体在泥石流暴发前后对比情况如图 2-22 所示。根据调查访问和历史资料分析，此次"7·11"泥石流的活动特征主要体现在：首先，由于红石潮堵塞体规模较大，在上游洪水侵蚀冲刷作用下发生局部溃决，固体物质不断掺入，使得流体容重增加，流量增大；其次，在小沟至老鹰岩堵塞体区段内，由于沟道内物源发育均较为丰富，且间隔分布堵塞体，沟道形态变化及堵塞体溃决共同影响，导致泥石流容重发生波动，流量亦发生不同程度的消涨变化；最后，在老鹰岩堵塞体附近，由于其拦挡蓄势作用，泥石流体于该处受阻雍高，直至溃决，导致泥石流的流量和冲压力达到最大值。

图 2-22　七盘沟沟道内典型堵塞体在泥石流暴发前后的对比

通过分析强震区三个典型的沟道溃决型泥石流事件发现，震区溃决型泥石流沟道内的堵塞体溃决主要由降雨径流和沟道上游水流侵蚀冲刷引起，该类泥石流的基本特征主要包括：泥石流容重受堵塞体溃决存在明显的增加过程，但当流通区内物源分布较均匀且堵塞体间隔存在时，容重将在小范围内波动；泥石流流量在流通区内沿程存在暴涨暴落现象，沟道内堵塞体溃决会造成流量放大且断面流量可达到某个极值；由于堵塞体的拦截作用，增加了沟道内物质的势能，从而增大了转化而成的流体动能，导致溃决型泥石流的冲击力大，进而造成较强破坏力等。

参考文献

[1] Coussot，P.，Meunier，M. Recognition, classification and mechanical description of debris flows [J]. Earth‐Science Reviews，1996，40：209‐227.

[2] 张瑞瑾. 河流泥沙动力学 [M]. 北京：中国水利水电出版社，1998.

[3] 钱宁. 高含沙水流运动 [M]. 北京：清华大学出版社，1989.

[4] 谢鉴衡. 河流模拟 [M]. 北京：水利电力出版社，1990.

[5] Bolster D, Hershberger R E, Donnelly R J. Dynamic similarity, the dimensionless science [J]. Physics Today，2011，64（9）：42‐47.

[6] Buckingham E. On physically similar systems: illustrations of the use of dimensional equations [J]. Physical Review，1914，4（4）：345.

[7] Iverson R M. Scaling and design of landslide and debris‐flow experiments [J]. Geomorphology，2015，244：9‐20.

[8] Roche O, Montserrat S, Niño Y, et al. Pore fluid pressure and internal kinematics of gravitational laboratory air‐particle flows: Insights into the emplacement dynamics of pyroclastic flows [J]. Journal of Geophysical Research，2010，115，B09206.

[9] 杨红娟，胡凯衡，韦方强. 泥石流浆体流变参数的计算方法及其扩展性研究 [J]. 水利学报，2013，44（11）：1338‐1346.

[10] Takahashi T. Mechanical characteristics of debris flow [J]. Hydraulics Division, ASCE，1978，104（8）：1153‐1169.

[11] Iverson R M. The physics of debris flows [J]. Reviews of Geophysics，1997，35（3）：245‐296.

[12] Prancevic J P, Lamb M P, Fuller B M. Incipient sediment motion across the river to debris‐flow transition [J]. Geology，2014，42（3）：191‐194.

[13] 康志成，李焯芬，马蔼乃，等. 中国泥石流研究 [M]. 北京：科学出版社，2004.

[14] Lamb M P, Dietrich W E, Venditti J G. Is the critical Shields stress for incipient sediment motion dependent on channel‐bed slope? [J]. Journal of Geophysical Research: Earth Surface，2008，113（F2）.

[15] 崔鹏. 泥石流起动机制的研究 [D]. 北京：北京林业大学，1990.

[16] Federico F, Cesali C. An energy‐based approach to predict debris flow mobility and analyze empirical relationships [J]. Canadian Geotechnical Journal，2015，52（12）：2113‐2133.

[17] 舒安平，杨凯，李芳华，等. 非均质泥石流堆积过程粒度与粒序分布特征 [J]. 水利学报，2012，43（11）：1322‐1327.

[18] 倪晋仁，王光谦. 泥石流的结构两相流模型：I. 理论 [J]. 地理学报，1998 53（1）：66‐76.

[19] 吴积善, 康志成, 田连权, 等. 云南蒋家沟泥石流观测研究 [M]. 北京: 科学出版社, 1990.

[20] Singh V P, Cui H. Modeling sediment concentration in debris flow by Tsallis entropy [J]. Physica A: Statistical Mechanics and its Applications, 2015, 420: 49-58.

[21] Einstein H A. The Bed-Load Function for Sediment Transportation in Open Channel Flows [R]. U. S. Department of Agriculture, Technical Bulletin, 1950, 1026, 71.

[22] 费祥俊, 吴保生, 傅旭东. 两相非均质流输沙平衡关系及挟沙力研究 [J]. 水利学报, 2015, 46 (7): 757-764.

[23] 韩其为. 水库淤积 [M]. 北京: 科学出版社, 2003: 1-643.

[24] 舒安平, 费祥俊. 高含沙水流挟沙能力 [J]. 中国科学 G 辑: 物理学 力学 天文学, 2008, 38 (6): 653-667.

[25] 郭庆超. 天然河道水流挟沙能力研究 [J]. 泥沙研究, 2006, 5: 45-51.

[26] Mangeney A, Roche O, Hungr O, et al. Erosion and mobility in granular collapse over sloping beds [J]. J. Geophys. Res. , 2010, 115, F03040.

[27] Iverson R M, Reid M E, Logan M, et al. Positive feedback and momentum growth during debris-flow entrainment of wet bed sediment [J]. Nat. Geosci. , 2011, 4: 116-121.

[28] 徐永年, 匡尚富, 舒安平. 阵性泥石流的平均流速与加速效应 [J]. 泥沙研究, 2001 (6): 8-13.

[29] 王兆印, 崔鹏, 余斌. 泥石流的运动机理和减阻 [J]. 自然灾害学报, 2001, 10 (3): 37-43.

[30] 费祥俊, 康志成, 王裕宜. 细颗粒浆体、泥石流浆体对泥石流运动的作用 [J]. 山地研究, 1991, 9 (3): 143-152.

[31] 万兆惠, 华景生. 粗细颗粒同时存在时的流动阻力 [J]. 山地研究, 1991, 9 (3): 153-157.

[32] 杨美卿, 王立新. 泥石流运动的层移质模型及其试验研究 [J]. 泥沙研究, 1992, 3: 21-29.

[33] Johnson C G, Kokelaar B P, Iverson R M, et al. Grain-size segregation and levee formation in geophysical mass flows [J]. Journal of Geophysical Research: Earth Surface, 2012, 117, F01032.

[34] 周公旦, 孙其诚, 崔鹏. 泥石流颗粒物质分选机理和效应 [J]. 四川大学学报 (工程科学版), 2013, 45 (1): 28-36.

[35] Tian M, Hu K H, Ma C, et al. Effect of bed sediment entrainment on debris-flow resistance [J]. J. Hydraulic Eng. , ASCE, 2014, 140 (1): 115-120.

[36] 中华人民共和国国土资源部. 泥石流灾害防治工程勘查规范: DZ/T 0220—2006 [S]. 北京: 中国标准出版社, 2006.

[37] 余斌, 杨永红, 苏永超, 等. 甘肃省舟曲 8.7 特大泥石流调查研究 [J]. 工程地质学报, 2010, 18 (4): 437-444.

[38] Cui, P, Zhou, Gordon G D, Zhu X H, et al. Scale amplification of natural debris flows caused by cascading landslide dam failures [J]. Geomorphology, 2013, 182: 173-189.

[39] C Tang, N Rengers, Th W J van Asch, et al. Triggering conditions and depositional characteristics of a disastrous debris flow event in Zhouqu city, Gansu Province, northwestern China [J]. Nat. Hazards Earth Syst. Sci., 2011, 11: 2903-2912.

[40] 唐川, 李为乐, 丁军, 等. 汶川震区映秀镇"8·14"特大泥石流灾害调查 [J]. 地球科学-中国地质大学学报, 2011, 36 (1): 172-180.

[41] 李德华, 许向宁, 郝红兵. 四川汶川县映秀镇红椿沟"8·14"特大泥石流形成条件与运动特征分析 [J]. 中国地质灾害与防治学报, 2012, 23 (3): 32-38.

第 3 章

沟道型泥石流的形成机理

从广义上讲,泥石流的形成过程包括流域内侵蚀搬运等地表作用形成松散堆积体和松散堆积体起动转变为泥石流的两个阶段,前者属于侵蚀学范畴,后者属于动力学问题。本章重点关注沟道型泥石流的起动阶段。首先,分析沟道型泥石流形成的基本条件和概化过程,从而揭示其形成过程的基本特征;其次,探讨沟道型泥石流侵蚀和溃决两种起动机理,并建立其数学模型;最后,对现有的泥石流预警模型进行评价。

3.1 泥石流的形成特征

3.1.1 形成条件

泥石流与风沙、水流、冰川等类似,属于地表物质迁移的自然现象,它们的出现都有自身的基本条件和影响因素。通常地,泥石流形成需要具备三个基本条件,即地形条件、物源条件和水源条件,前两者是形成泥石流的必要条件,后者是其充分条件。根据三个基本条件的特点,可以将泥石流形成的影响因素划分为缓变和急变两种类型。由于地貌演化过程中存在随机性[1-2],将泥石流的形成条件写成联合概率形式

$$P(ABC) = P(A|BC) \cdot P(B|C) \cdot P(C) \tag{3.1}$$

式中:A、B、C 分别表示泥石流形成的水源条件、物源条件和地形条件三个事件;P 表示括号内事件的发生概率;将 BC 合称为泥石流形成的流域条件。

流域条件作为泥石流形成的内在要素,包括地形因子即流域面积、沟道长度、坡降、沟道发育情况等,以及物源因子即岩土松散体的类型及其物理力学性质,如颗粒级配、密实度、初始含水量等。通常情况下,地形因子和物源因子都属于缓变型,在泥石流灾害发生的短期预报时间尺度内均可视为常量,且可直接测量。实际上,地形因子与泥石流发生存在一定关系[3],在固定的地形

条件下，沟道内的松散物源积累情况将在一定程度上决定泥石流的形成频率和规模[4]。根据流域沟道内松散物源的积累情况可将沟道划分为物源控制型（supply-limited）和输沙控制型（transport-limited）两类[5-6]，前者指沟道内可侵蚀物源有限，充足水源可能仅触发洪水过程；后者指沟道内可侵蚀物源丰富，泥石流的形成规模主要受水源条件影响。通常地，流域沟道内发生一场泥石流后都需要经历一个物源的再累积过程才能为下一次泥石流事件提供条件，此时泥石流发生的阈值也将发生变化。根据泥石流的形成条件，提出其阈值概化模型，如图3-1所示。

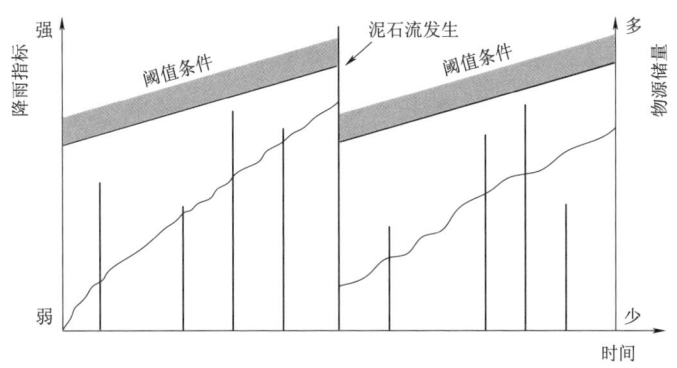

图3-1 沟道型泥石流形成的阈值条件概化模型

（改自Brayshaw和Hassan[7]）

水源条件作为泥石流形成的激发因素，通常可用于泥石流灾害的短期预报，其方法包括建立泥石流发生与降雨指标的经验关系，或者与沟道临界水力条件的关系。

3.1.2 基本模式

沟道型泥石流的形成是流域内水文、泥沙等多过程的耦合结果，其起动受沟道内临界水力要素或溃决水流等水源条件控制。将其物理过程进行概化，如图3-2所示。

根据沟道型泥石流形成的激发条件和松散堆积体的失稳特征，可将泥石流的起动模式分为沟道侵蚀型、沟道溃决型和滑坡触发型三类。由于流域条件和松散物源的发育情况不同，侵蚀起动模式又可细分为床面冲刷侵蚀、侵蚀揭底和侵蚀造沟等，它们主要受沟道内临界水力要素控制；由于沟道堵塞体物理力学性质和失稳特征的差异，沟道溃决模式又可细分为漫顶破坏、管涌和整体失稳等，它们主要受堵塞体渗透性控制；滑坡触发模式包括土体失稳和流态化等过程，主要受土体含水量控制。

第3章 沟道型泥石流的形成机理

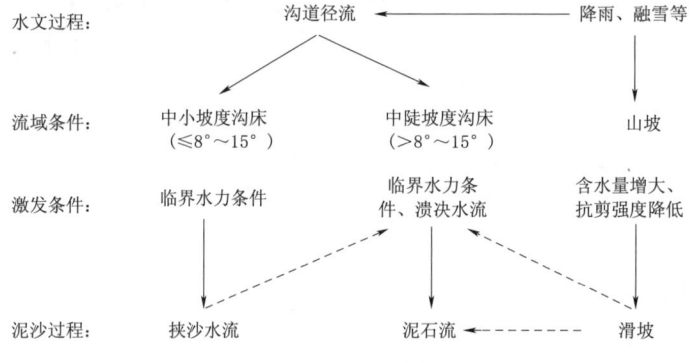

图 3-2 沟道型泥石流形成的概化过程

在沟道型泥石流的形成过程中,三类起动模式既存在表现形式上的差异,又存在物理机理上的联系。根据各类泥石流的形成特征,沟道侵蚀型的起动过程可概括为在沟道径流作用下静止床面首先发生泥沙起动,随之泥沙颗粒呈现推移、悬移等运动状态,当水流中的泥沙浓度达到一定程度即形成泥石流;沟道溃决型的起动过程可概括为在上游水力条件下,由于堵塞体不均匀渗透形成不同形态的水流优势通道,进而导致堵塞体发生漫顶破坏、管涌或整体失稳等,最终形成泥石流;滑坡触发型的起动过程可概括为在降水作用下,土体含水量增加、抗剪强度降低,促使滑坡发生,并在水流作用下流态化形成泥石流。本章将重点讨论沟道侵蚀型和沟道溃决型两种起动模式的数学描述,考虑到地貌演变过程中的随机因素,研究泥石流起动也即建立 $P(A|BC)$ 的计算模型。

3.2 沟道侵蚀起动模式

3.2.1 力学-随机模型

泥石流沟道内的堆积体一般由较宽级配的颗粒群体组合而成,在沟道表面(沟床)径流作用下发生的侵蚀起动与河床泥沙起动具有一定相似性。这些起动都并非单纯的必然现象,而是具有一定随机性[8,9],产生随机性的原因包括水流瞬时底部流速的脉动、颗粒处于床面位置的随机性和颗粒的非均匀性等。因此,在研究沟道侵蚀起动模式时不仅要分析起动过程中存在的必然力学关系,还应反映起动中具有的随机统计规律。以下将基于床面层泥沙交换理论[10-12]建立沟道侵蚀型泥石流起动的力学-随机模型。

沟道侵蚀型泥石流的起动过程可划分为单颗粒起动、颗粒混掺运动和泥石流形成共三个阶段。根据泥沙颗粒的受力情况[见图3-3(a)]可推导其临界起动流速,将水流作用下颗粒状态划分为静止、推移和悬移[见图3-

3(b)],则侵蚀起动过程可视为颗粒在三种状态中不断转移和交换的宏观表现。基于床面层泥沙交换理论,在单颗粒起动阶段分析颗粒起动、止动、起悬和沉降等基本转移条件;在颗粒混掺运动阶段计算颗粒状态转移概率,分析颗粒处于静止、推移或悬浮的概率;在泥石流形成阶段计算沟床泥沙转移强度,以及相应水力条件下的输沙率,进而根据泥沙浓度判断是否形成泥石流。

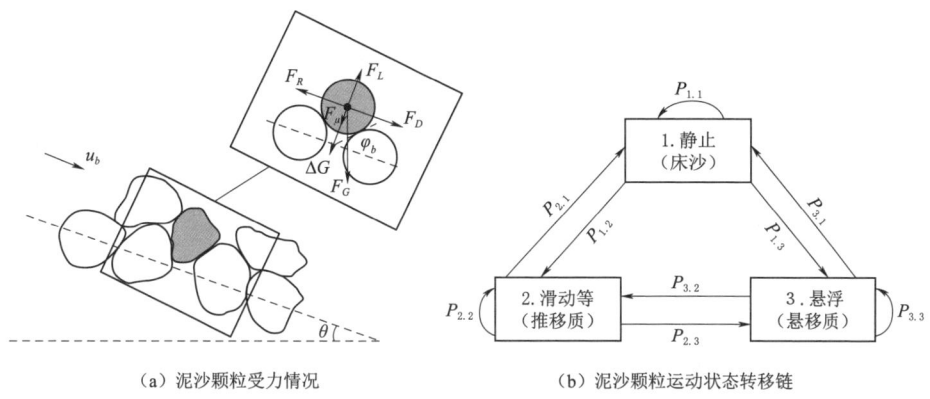

(a) 泥沙颗粒受力情况　　　　(b) 泥沙颗粒运动状态转移链

图3-3　沟道侵蚀起动过程中泥沙颗粒状态

3.2.1.1　基本转移条件

在沟道侵蚀型泥石流的形成过程中,沟床堆积体常由较多粗颗粒组成,泥沙输移以推移运动为主,且在高浓度条件下可发生层移运动,为了简化描述,将颗粒发生滑动作为推移质的起动条件。因此,泥石流沟道内颗粒运动状态转移的基本条件与现有研究中河床泥沙颗粒运动相比,其差异主要表现在以纵向瞬时底速表示的颗粒起动流速和止动流速、以竖向瞬时底速表示的颗粒起悬速度以及颗粒沉速等四个临界值的计算式。综合考虑粗细颗粒的受力特点,建立沟床颗粒起动速度的统一公式,在一定坡度的沟床上颗粒共承受六种力,即水流正面推力 F_D、上举力 F_L、水下重力 F_G、摩擦力 F_R、黏着力 F_μ 和薄膜水附加下压力 ΔG,如图3-3(a)所示。在泥石流起动阶段,假定颗粒为球形且满足库仑摩擦准则,则沟床泥沙颗粒的滑动平衡条件为

$$F_D + F_G \sin\theta = F_R = (F_G \cos\theta + \Delta G + F_\mu - F_L)\tan\varphi \tag{3.2}$$

式中,因颗粒薄膜水接触产生的 F_μ 和 ΔG 可根据理论推导[9]而得,各力分别表述为

$$F_D = \frac{C_D \rho}{2} \frac{\pi}{4} d^2 u_b^2 \tag{3.3a}$$

$$F_L = \frac{C_L \rho}{2} \frac{\pi}{4} d^2 u_b^2 \tag{3.3b}$$

$$F_G = (\gamma_s - \gamma_w)\frac{\pi}{6}d^3 \tag{3.3c}$$

$$F_\mu = \frac{\sqrt{3}}{4}\pi q_0 \delta_0^3 d\left(3 - \frac{d_g}{\delta_1}\right)\left(\frac{1}{d_g^2} - \frac{1}{\delta_1^2}\right) \tag{3.3d}$$

$$\Delta G = \frac{\sqrt{3}}{2}\pi K_2 \gamma_w h d\left(3 - \frac{d_g}{\delta_1}\right)(\delta_1 - d_g) \tag{3.3e}$$

式中：C_D 和 C_L 分别为正面推力和上举力系数，按照试验资料近似取为 0.4 和 0.1；颗粒和水的容重可分别取 26.5kN/m³ 和 10kN/m³；d_g 为两颗粒之间的缝隙，对类似一般河道取为 15×10^{-8} m；$\delta_0 = 3 \times 10^{-10}$ m 为一个水分子的厚度；$q_0 = 1.3 \times 10^9$ kg/m² 为 δ_0 厚度内单位面积上的黏着力；$\delta_1 = 4 \times 10^{-7}$ m 为薄膜水厚度；$K_2 = 2.258 \times 10^{-3}$ 为薄膜水接触面中单向压力传递所占面积百分数。

将式（3.3a）～式（3.3e）及相关参数值代入式（3.2）可解得沟床颗粒起动流速：

$$u_{b.c.1} = \sqrt{\frac{215.6d^2(\cos\theta\tan\varphi_b - \sin\theta) + 1.22 \times 10^{-7} \times (1 + 8.25h)\tan\varphi_b}{d(4 + \tan\varphi_b)}} \tag{3.4}$$

当 $d_g \geq \delta_1$ 时，各颗粒周围所带的薄膜水彼此不接触，F_μ 和 ΔG 不存在；当 $d > 0.5$mm 时认为薄膜水作用可以忽略，F_μ 和 ΔG 不计；当颗粒由运动转为静止时，颗粒未发生薄膜水接触，F_μ 和 ΔG 也不存在，故而颗粒止动流速为

$$u_{b.c.0} = \sqrt{\frac{215.6d(\cos\theta\tan\varphi_b - \sin\theta)}{4 + \tan\varphi_b}} \tag{3.5}$$

由于沟道床面静止细颗粒常常存在一定程度的固结，即存在 F_μ 和 ΔG 作用，故此时颗粒由静止转为悬浮需要满足松动条件。仿照河床泥沙起悬速度的推导[10]，考虑沟床上颗粒起悬时的受力平衡关系，可得沟床颗粒松动的临界竖向瞬时底部流速：

$$\begin{cases} w_{b.c}^{(1)} = \dfrac{\overline{u}_b}{8} + \sqrt{\dfrac{\omega_1^2}{4} - \dfrac{3}{64}\overline{u}_b^2} \\ w_{b.c}^{(2)} = \dfrac{\overline{u}_b}{8} - \sqrt{\dfrac{\omega_1^2}{4} - \dfrac{3}{64}\overline{u}_b^2} \end{cases} \tag{3.6}$$

其中

$$\omega_1 = \sqrt{53.9d\cos\theta + \frac{3 \times 10^{-8}}{d}(1 + 8.25h)} \tag{3.7}$$

式中：可取 $\overline{u}_b = 3.73u_*$，$u_* = \sqrt{ghJ}$；ω_1 为沟床泥沙颗粒起动的特征速度。

当沟床泥沙颗粒处于松动状态时，颗粒在水流中的重力由紊动支持其不沉，因此泥沙悬浮应满足水流底部竖向流速大于颗粒沉速。球体颗粒的沉速可按式（3.8）计算：

$$\omega = \sqrt{\frac{4}{3C_R}\frac{\gamma_s - \gamma_w}{\gamma_w}gd} \qquad (3.8)$$

式中：C_R 为颗粒沉降的阻力系数，与颗粒雷诺数有关，取值可参考费祥俊等[13]方法。

采用上述式（3.4）～式（3.8）可以分析泥石流起动过程中泥沙颗粒的起动、止动、起悬和沉降等基本转移条件。由于上述推导过程考虑了床面坡度，因此这些公式也可作为描述床面层泥沙颗粒基本转移条件的一般式，其包含床面坡度、床面颗粒内摩擦角、颗粒粒径和流深等控制因素。公式中涉及的瞬时流速、颗粒粒径和颗粒内摩擦角均为随机变量，在床面层泥沙交换理论中，瞬时流速近似服从正态分布，颗粒级配作为统计频率也可视为一种概率分布。沟床颗粒内摩擦角反映其所处床面位置，物理和数值实验结果表明颗粒内摩擦角服从对数正态分布[14]，且与粒径近似满足关系[15]：

$$\varphi_b = \cos^{-1}\left(\frac{d/k_s + z_*}{d/k_s + 1}\right) \qquad (3.9)$$

式中：k_s 为床面糙度的长度度量，可取 d_{50}；z_* 为床面可起动泥沙颗粒的磨圆度水平，对于天然沙情形，可近似取为 -0.02。

3.2.1.2 转移概率与状态概率

在沟道侵蚀型泥石流的形成过程中，当水流作用达到沟床泥沙颗粒状态转移条件时，颗粒起动，接着沟道内出现一定数量的推移质和悬移质，形成泥沙颗粒运动状态转移链，如图 3-3（b）所示。沟床颗粒的每一种状态均可能转移至其他两种状态和自身，由基本转移条件得到基本转移概率可以计算颗粒运动状态转移链中的九种转移概率，假定水流纵向脉动底速和竖向脉动底速相互独立，可得沟床颗粒转移概率矩阵[16]：

$$(P_{i,j}) = \begin{bmatrix} (1-\varepsilon_1)(1-\beta) & \varepsilon_1(1-\beta) & \beta \\ (1-\varepsilon_0)(1-\varepsilon_4) & \varepsilon_0(1-\varepsilon_4) & \varepsilon_4 \\ (1-\varepsilon_0)(1-\varepsilon_4) & \varepsilon_0(1-\varepsilon_4) & \varepsilon_4 \end{bmatrix} \qquad (3.10)$$

式中，四种基本转移概率可分别表述为

$$\varepsilon_1 = \frac{1}{\sqrt{2\pi}}\int_{2.7\left(\frac{u_{b.c.1}}{\bar{u}_b}-1\right)}^{\infty} e^{-\frac{t^2}{2}} dt \qquad (3.11a)$$

$$\varepsilon_0 = \frac{1}{\sqrt{2\pi}}\int_{2.7\left(\frac{u_{b.c.0}}{\bar{u}_b}-1\right)}^{\infty} e^{-\frac{t^2}{2}} dt \qquad (3.11b)$$

$$\varepsilon_4 = \frac{1}{\sqrt{2\pi}} \int_{\frac{\omega}{u_*}}^{\infty} e^{-\frac{t^2}{2}} dt \tag{3.11c}$$

$$\beta = \begin{cases} \dfrac{1}{\sqrt{2\pi}} \int_{\frac{\omega}{u_*}}^{\infty} e^{-\frac{t^2}{2}} dt & \overline{u}_b > \dfrac{4\omega_1}{\sqrt{3}} \text{ 或 } \overline{u}_b \leqslant \dfrac{4\omega_1}{\sqrt{3}} \text{ 且 } w_{b.c}^{(1)} \leqslant \omega \\ \dfrac{1}{\sqrt{2\pi}} \int_{\frac{w_{b.c}^{(1)}}{u_*}}^{\infty} e^{-\frac{t^2}{2}} dt & \overline{u}_b \leqslant \dfrac{4\omega_1}{\sqrt{3}} \text{ 且 } w_{b.c}^{(2)} \leqslant \omega < w_{b.c}^{(1)} \\ \dfrac{1}{\sqrt{2\pi}} \int_{\frac{w_{b.c}^{(1)}}{u_*}}^{\infty} e^{-\frac{t^2}{2}} dt + \dfrac{1}{\sqrt{2p}} \int_{\frac{w_{b.c}^{(2)}}{u_*}}^{\frac{w_{b.c}^{(1)}}{u_*}} e^{-\frac{t^2}{2}} dt & \overline{u}_b \leqslant \dfrac{4\omega_1}{\sqrt{3}} \text{ 且 } \omega < w_{b.c}^{(2)} \end{cases} \tag{3.11d}$$

由此，沟床泥沙颗粒转移概率矩阵（3.10）中九个转移概率均可求出，该转移概率矩阵把泥沙状态改变描述成了时间离散、状态离散的马尔可夫过程。由柯尔莫哥洛夫方程得到泥沙颗粒的状态概率[16]（即极限概率）：

$$\begin{cases} R_1 = \dfrac{(1-\varepsilon_0)(1-\varepsilon_4)}{1+(1-\varepsilon_0)(1-\varepsilon_4)-(1-\varepsilon_1)(1-\beta)} \\ R_2 = \dfrac{(1-\varepsilon_0)(1-\varepsilon_4)\varepsilon_1(1-\beta)+[1-(1-\varepsilon_1)(1-\beta)]\varepsilon_0(1-\varepsilon_4)}{1+(1-\varepsilon_0)(1-\varepsilon_4)-(1-\varepsilon_1)(1-\beta)} \\ R_3 = \dfrac{(1-\varepsilon_0)(1-\varepsilon_4)\beta+[1-(1-\varepsilon_1)(1-\beta)]\varepsilon_4}{1+(1-\varepsilon_0)(1-\varepsilon_4)-(1-\varepsilon_1)(1-\beta)} \end{cases} \tag{3.12}$$

式中：R_1、R_2、R_3 分别表示沟床泥沙颗粒处于静止、推移、悬浮的概率；R_2+R_3 称为沟床泥沙颗粒的运动概率。

需要指出，上述颗粒的临界值计算式、转移概率、状态概率都是针对均匀沙推导和描述的，在推广至非均匀沙时，各个变量只需针对各粒径组代表粒径分别计算即可。在以下描述中，下标"l"表示非均匀沙中粒径组 d_l 的值。

3.2.1.3 转移强度与输沙率

在沟道侵蚀型泥石流的形成过程中，随着沟床颗粒起动，出现一定数量的推移质和悬移质，从而构成泥沙颗粒运动状态转移链；随着沟道水流输沙量不断增加，泥沙浓度达到一定临界值即可形成泥石流。在实际情形中，泥沙颗粒的状态转移是需要时间的，因此床面层泥沙交换理论引入了转移强度概念，将泥沙运动过程视为一种时间连续、状态离散的马尔可夫过程。仿照韩其为的推导过程及结果，沟床泥沙的转移强度[10]为

$$\overline{\lambda}_{i,j,l} = \begin{cases} P_{i,j,l} \overline{K}_{i,l} \mu_{i,l} U_{i,l} & (i=2,3; j\neq i; l=1,2,\cdots,n) \\ P_{i,j,l} \dfrac{\overline{K}_{i,l}}{t_{0,j,l}} & (i=1; j\neq 1; l=1,2,\cdots,n) \end{cases} \tag{3.13}$$

式中：对于 $j=i$，转移强度仍有定义，其表示停留在状态 i 的转移强度。

上述转移强度具有平均意义,在推导过程中已假定作为随机变量的推移质、悬移质泥沙颗数相互独立,其概率受各自的平均颗数影响。当改变状态的颗粒数量足够多,则改变状态的颗数服从泊松分布;假定沟道侵蚀起动过程处于弱平衡条件,即由一种状态转移至其他两种状态的泥沙颗数恰好等于由其他两种状态转来的颗数,则以质量表示的非均匀沙中第 l 组的推移质和悬移质单宽输沙率[17] 为

$$q_{b,l} = \frac{2}{3} m_0 \rho_s R_{1,l} P_{1,l} d_l \frac{1}{\mu_{2,l}} \left[\frac{\varepsilon_{1,l}(1-\varepsilon_{4,l})}{(1-\varepsilon_{0,l})} \frac{1}{t_{0,2,l}} + \frac{\varepsilon_{0,l} \varepsilon_{4,l}}{(1-\varepsilon_{0,l})} \frac{1}{t_{0,3,l}} \right] \quad (3.14)$$

$$q_{s,l} = \frac{2}{3} m_0 \rho_s R_{1,l} P_{1,l} d_l \frac{1}{\mu_{3,l}} \left[\frac{\varepsilon_{4,l} \varepsilon_{1,l}}{(1-\varepsilon_{0,l})} \frac{1}{t_{0,2,l}} + \frac{\varepsilon_{4,l}(1-\varepsilon_{0,l}+\varepsilon_{0,l} \varepsilon_{4,l})}{(1-\varepsilon_{0,l})(1-\varepsilon_{4,l})} \frac{1}{t_{0,3,l}} \right]$$

$$(3.15)$$

为了求解沟道侵蚀起动过程中的输沙率,还需确定泥沙颗粒滑动和悬浮的单步距离以及静止颗粒转入推移或悬移状态的时间等参数。在泥石流尚未形成的起动阶段,沟道内悬移质输沙率公式中涉及的参数仍采用现有床面层泥沙交换理论的计算方法[11] 确定,在侵蚀起动过程中取含沙量恢复饱和系数为 1,颗粒最大悬浮高度为全流深,并以床面颗粒起悬周期作为起悬时间,则有

$$\frac{1}{\mu_{3,l}} = 8.73(1-\varepsilon_{0,l})(1-\varepsilon_{4,l}) \frac{h u_*}{\omega_l} \quad (3.16a)$$

$$T_{0,4,l} = 0.096 \frac{h d_l}{u_*^3} \left(\frac{\rho_w u_* d_l}{\mu_w} \right)^{0.1509} \quad (3.16b)$$

根据沟道侵蚀型泥石流的形成特征,大多数情况下泥石流固相都由较宽级配的颗粒组成,且常含有较多粗颗粒,它们以推移质运动为主。由于泥石流通常都是在较大的水流强度作用下形成,此时输沙率也大,床面粗颗粒除了能够发生滚动、跳跃,还可出现成层运动。为了简化问题,根据泥沙颗粒发生滑动的条件确定推移质输沙率公式中涉及的参数,将泥沙颗粒的平均滑动速度近似为水流时均底部流速与颗粒起动流速之差,颗粒的单步滑动距离结合床面密实系数表示为 $\pi d_l/(4m_0)$,由此上述所需参数均可获得。

3.2.2 验证与讨论

3.2.2.1 数据资料

为了验证和分析沟道侵蚀起动过程的力学-随机模型,选取若干泥石流样本资料见表 3-1,DF01~DF05 数据通过野外调查、筛分试验及计算分析等方法获得,DF06、DF07 数据分别来源于文献 [18] 和 [19];样本中 DF01、DF02、DF04、DF05 属于黏性泥石流,其余属于亚黏性或稀性泥石流。筛分试验中的泥沙样品均取自形成区沟段。表 3-1 中的泥沙非均匀系数表达式为

$$C_h = \sqrt{d_{84}/d_{16}} \qquad (3.17)$$

表 3-1   泥石流样本数据

序号	DF01	DF02	DF03	DF04	DF05	DF06	DF07
$\theta/(°)$	12	13	15	21	22	27	13
h_c/cm	58.9	31.6	65.6	28.1	35.6	8.8	24.1
d_{16}/mm	0.05	5	7	0.1	0.1	0.6	0.5
d_{50}/mm	65	40	100	80	100	7	28
d_{84}/mm	180	65	200	150	200	90	180
C_h	60	3.6	5.4	38.7	44.7	12.3	19.0

在计算沟床泥沙颗粒的状态概率和沟道输沙率时,将沟床泥沙颗粒粒径划分为3组,代表粒径分别为 d_{16}、d_{50} 和 d_{84},对应级配为16%、50%和84%。在计算中涉及的其他参数分别取值为 $g=9.8\text{m/s}^2$、$m_0=0.4$、$\mu_w=1.01\times10^{-3}\text{Pa}\cdot\text{s}$。

3.2.2.2 颗粒状态变化特征

在沟道侵蚀型泥石流的起动过程中,随着沟道径流产生的水流强度不断增大,沟床泥沙颗粒的状态发生变化,泥沙颗粒将在静止、推移和悬移三种状态中不断转移和交换,从而形成状态转移链。为了揭示侵蚀起动过程中沟床泥沙颗粒状态的变化特征,下面将根据力学-随机模型的计算结果分别讨论泥石流起动过程中 d_{16}、d_{50} 和 d_{84} 颗粒的状态概率,中值粒径颗粒状态概率随径流水深的变化特征和临界水深条件下沟床泥沙颗粒的状态概率,以及不同粒径颗粒状态概率随沟道坡度和径流水深的变化特征。

基于表3-1中的泥石流样本数据资料,采用力学-随机模型中的式(3.12)可以分别计算各场泥石流在起动过程中径流水深为 $h_c/2$ 和 h_c 时,d_{16}、d_{50} 和 d_{84} 三个特征粒径颗粒处于静止、推移和悬浮的概率,结果见表3-2。

表 3-2   泥石流起动过程中各个特征粒径颗粒的状态概率

样本	h/cm	d_{16}			d_{50}			d_{84}		
		R_1	R_2	R_3	R_1	R_2	R_3	R_1	R_2	R_3
DF01	29.45	0.0018	0.5136	0.4846	0.1694	0.7491	0.0815	0.3077	0.6822	0.0101
	58.90	0.0018	0.5091	0.4891	0.0644	0.7736	0.1620	0.1208	0.8289	0.0503
DF02	15.80	0.0351	0.6591	0.3058	0.1802	0.7443	0.0754	0.2434	0.7231	0.0335
	31.60	0.0164	0.6239	0.3598	0.0684	0.7767	0.1549	0.0931	0.8092	0.0977

续表

样本	h/cm	d_{16}			d_{50}			d_{84}		
		R_1	R_2	R_3	R_1	R_2	R_3	R_1	R_2	R_3
DF03	32.80	0.0221	0.6292	0.3487	0.1842	0.7450	0.0708	0.2717	0.7095	0.0188
	65.60	0.0114	0.5970	0.3917	0.0699	0.7807	0.1494	0.1052	0.8239	0.0708
DF04	14.05	0.0018	0.5222	0.4759	0.2409	0.7151	0.0439	0.3142	0.6761	0.0097
	28.10	0.0018	0.5152	0.4830	0.0915	0.7948	0.1137	0.1235	0.8273	0.0492
DF05	17.80	0.0018	0.5191	0.4791	0.2164	0.7349	0.0486	0.2851	0.7054	0.0095
	35.60	0.0018	0.5130	0.4852	0.0823	0.7972	0.1205	0.1120	0.8394	0.0486
DF06	4.40	0.0080	0.5847	0.4072	0.0277	0.7609	0.2114	0.0035	0.9945	0.0020
	8.80	0.0053	0.5606	0.4341	0.0137	0.7009	0.2854	0.0034	0.9755	0.0211
DF07	12.05	0.0020	0.5710	0.4270	0.1597	0.7559	0.0844	0.3835	0.6162	0.0002
	24.10	0.0019	0.5498	0.4483	0.0610	0.7738	0.1653	0.1575	0.8356	0.0068

由表 3-2 可知，当沟道径流水深达到临界值的一半时，d_{16} 颗粒的运动概率均在 0.98 以上，且其悬浮概率也趋于最大值 (0.5)，说明沟床上细颗粒已不断掺入水流中形成泥石流液相浆体，从而增强了流体的侵蚀能力。当沟道径流水深达到泥石流形成的临界值时，d_{50} 颗粒的运动概率大多在 0.90 以上，d_{84} 颗粒的运动概率大多已达到或超过 0.85，说明沟床上大多数泥沙颗粒都已转入运动状态，从而构成了泥石流的固相组分；对比 R_2 和 R_3 的大小可知，沟床上的泥沙粗颗粒均以推移运动为主。

以表 3-1 中的 DF04 为例，采用力学-随机模型中的式 (3.12) 计算沟床上 d_{50} 颗粒在不同径流水深条件下的状态概率，以及临界水深条件下沟床上不同粒径颗粒的状态概率，结果如图 3-4 所示。图 3-4 (a) 表明，随着沟道径流水深增大，沟床上 d_{50} 颗粒的推移概率先增大后趋于平缓，前者是由于颗粒静止概率的减小，而后者是由于颗粒悬浮概率的增加。图 3-4 (b) 表明，当沟道径流水深达到泥石流形成的临界值时，沟床上不同粒径颗粒将处于不同状态，其中，粒径小于 0.1mm 的颗粒以悬浮为主，粒径大于 0.1mm 时，颗粒的悬浮概率随着粒径增大而不断减小，且均趋于推移状态；沟床泥沙颗粒的静止概率随着粒径增大呈现先增加后减小的变化特征，这可能与粗颗粒重力增大和内摩擦角减小有关，实际上，由式 (3.5) 和式 (3.9) 可知因坡度作用沟床上静止颗粒的最大粒径为 1148mm。

根据沟道侵蚀型泥石流起动的力学-随机模型，沟床泥沙颗粒的状态概率受颗粒粒径、沟床坡度和径流水深等因素综合影响。为了进一步揭示沟道侵蚀型泥石流形成过程中沟床上不同粒径颗粒状态概率的变化规律，选取细颗粒（0.1mm、1mm）和粗颗粒（10mm、100mm）为代表，采用力学-随机模型中的式（3.12）计算四种粒径颗粒在不同沟床坡度和径流水深条件下的状态概率，结果如图3-5和图3-6所示。

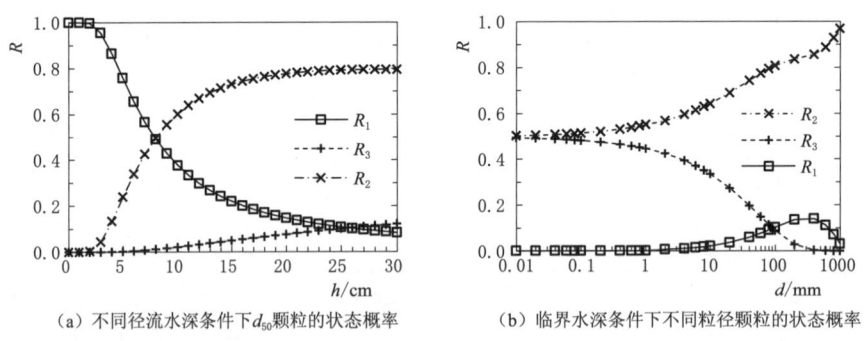

(a) 不同径流水深条件下 d_{50} 颗粒的状态概率　　(b) 临界水深条件下不同粒径颗粒的状态概率

图 3-4　DF04 泥石流起动过程中沟床泥沙颗粒状态概率的变化特征

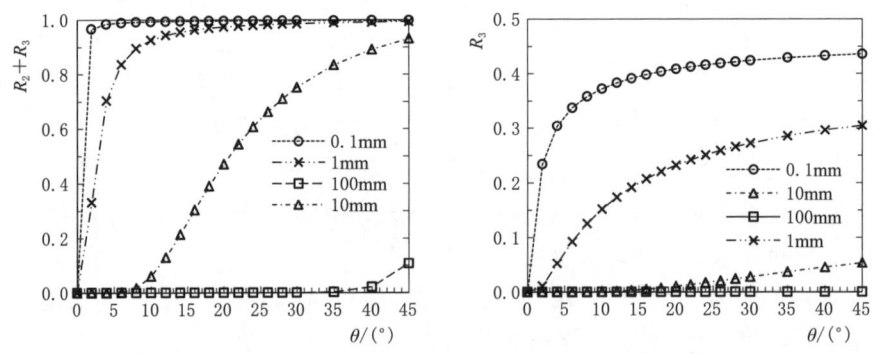

图 3-5　泥石流起动过程中粗细颗粒的状态概率随沟床坡度的变化特征（$h=1$cm）

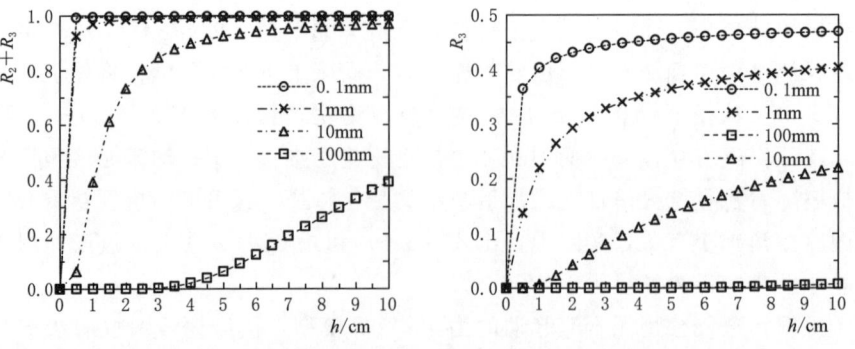

图 3-6　泥石流起动过程中粗细颗粒的状态概率随径流水深的变化特征（$\theta=18°$）

由图 3-5 和图 3-6 可知，在较小的沟道坡降或径流水深条件下，细颗粒的运动概率就可突变到 0.90 以上；粗颗粒的运动概率则有一个随着沟床坡度或径流水深增加而增大的渐变过程，且当水深小于颗粒粒径时，颗粒运动概率的增长过程并不显著。另外，细颗粒的悬浮概率要远大于粗颗粒，且当粒径足够大时，粗颗粒几乎无法悬浮。

3.2.2.3 沟道输沙变化特征

在沟道侵蚀型泥石流起动的第三阶段即泥石流形成时，沟道内已出现一定规模的推移质和悬移质，且沟道输沙率已增至可以使水流中泥沙浓度达到成为泥石流的条件。由式（3.14）和式（3.15）可知，泥石流形成时沟道输沙率受沟床泥沙颗粒粒径、颗粒起动条件等因素影响，为了能够统一地比较泥石流最终形成时的输沙率特征，取无因次起动流速和无因次推移质输沙率：

$$\frac{u_{b,c,1,l}}{\omega_{1,l}}, \lambda_{q_{b,l}} = \frac{q_{b,l}}{\rho_s d_l \omega_{1,l}} \tag{3.18}$$

基于表 3-1 中的泥石流样本数据资料，下面采用力学-随机模型中的式（3.14）、式（3.15）和式（3.18）分别计算沟道径流达到临界水深时，各场泥石流中值粒径颗粒的无因次起动流速、无因次推移质输沙率以及推移质输沙率占总输沙率之比；以表 3-1 中的 DF04 为例，计算不同径流水深条件下沟道单宽总输沙率以及推移质输沙率占总输沙率之比。计算结果如图 3-7 和图 3-8 所示。

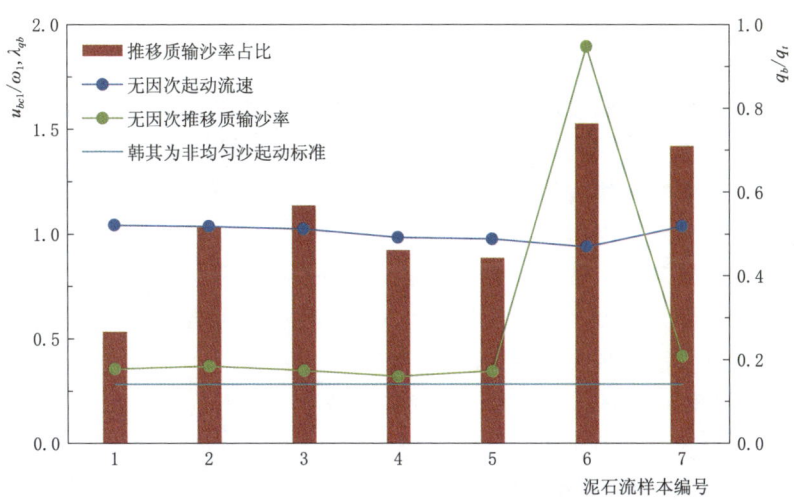

图 3-7 临界水深条件下 d_{50} 颗粒的无因次起动流速、无因次推移质输沙率和推移质输沙率占比

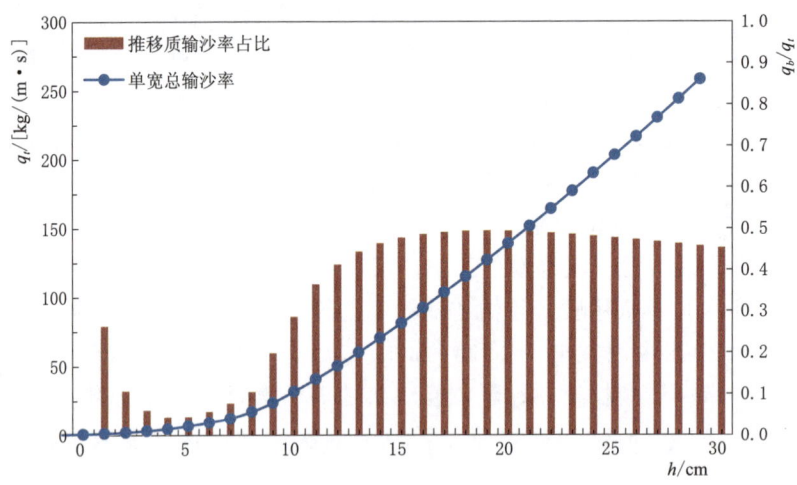

图 3-8 DF04 泥石流起动过程中沟道单宽总输沙率、
推移质输沙率占比的变化特征

由图 3-7 可知,当沟道径流达到临界水深时泥石流发生起动,所有样本的 d_{50} 颗粒无因次起动流速均为 1.0 左右,这一常数为判断沟道内是否能够形成泥石流提供了较为实用的参考标准,其大小是韩其为等[9]建议的河流中非均匀沙起动标准 3 倍之多。图 3-8 还表明除 DF06 外的泥石流形成时 d_{50} 颗粒无因次推移质输沙率均为 0.35 左右;当推移质输沙率占比越大时,无因次推移质输沙率也将变大,以此作为标准可以考虑泥石流形成时粗颗粒均以推移质形式发生起动。需要说明,这里 DF06 的临界水深约为 d_{50} 的 12 倍,根据泥沙颗粒状态概率,当径流达到临界水深一半时,粗颗粒几乎均已处于推移质运动状态,故采用已知临界水深计算无因次推移质输沙率将偏大,这说明文献中提供的临界水深可能偏大。由图 3-8 可知,泥石流起动过程中的单宽推移质输沙率占比随着水深增大呈现先增加后减少、再增加最终趋于平稳或小幅减小的两个阶段。前者可能由于初始期细颗粒先以推移形式起动,随着水流强度增大而转为悬移运动;后者因为随着水流强度增大较粗颗粒以推移形式起动促使推移质输沙率增大,当水流强度足够大时部分粗颗粒可能转为悬移运动,因此推移质输沙率可能出现小幅减少。

将样本 DF06 剔除后计算无因次推移质输沙率与 h/d_{50} 的变化,并采用颗粒极限浓度表示的无因次切应力公式[20]计算泥石流侵蚀起动的临界值,如图 3-9 所示。结果表明无因次推移质输沙率与 Takahashi 公式计算的临界线基本都在泥石流形成位置相交,这验证了模型的可靠性,同时也反映了模型能够揭示泥石流侵蚀起动全过程变化的优越性。

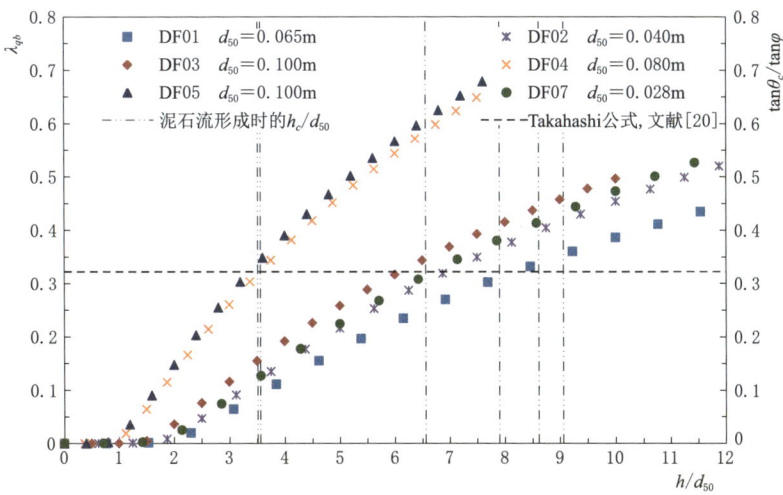

图3-9 沟道无因次推移质输沙率随 h/d_{50} 的变化特征及临界值对比

3.3 沟道溃决起动模式

3.3.1 堵塞体分类及特征

沟道溃决型泥石流的动力过程是一个非常复杂的能量耗散过程，主要表现在这类泥石流的沟道内存在堵塞体，它起着类似于坝体的"拦沙蓄水"作用，从而使得沟道内物质积聚的势能比一般型泥石流大得多。当沟道内堵塞体后的水深达到足够使其溃决时，巨大的势能转换为强烈的水流动能，冲刷搬运沟道内固体物质，从而形成成灾快、规模大、破坏力强的特殊泥石流。因此，泥石流沟道内堵塞体的失稳在溃决型泥石流的动力过程中起着主导作用。

一般地，沟道内堵塞体可以划分为崩塌滑坡堆积体和人工修建坝体两大类，本节主要研究沟道内因崩塌滑坡堆积形成的天然堵塞体。野外调查发现，强震区泥石流沟道内存在的天然堵塞体主要包括堆石体和堆积体两类。根据野外调查资料与相关文献研究成果，首先，对泥石流沟道内的天然堵塞体进行分类，并阐述其基本特征；其次，分析沟道内天然堵塞体失稳的基本模式；最后，通过力学平衡分析，建立两类堵塞体的失稳判别式，并进行实例验证。

泥石流沟道内的松散堆积体是在内外动力地质作用下形成的，其成因机制如图3-10所示。按照堆积体成因机制的特征，沟道内天然堵塞体的形成过程主要包括两个阶段：首先，在内外动力地质条件的共同触动下，地表斜坡上的岩土体因重力作用发生崩塌滑坡，并堆积于平缓的沟道内，即初始形成阶段；

其次，随着时间推移，沟道内堆积的松散体经压缩和固结等作用后具备一定的抗剪强度，该强度值与堆积体的形成历史有关，且受组分岩土体颗粒的级配情况显著影响，即为强度形成阶段。通常来讲，沟道内天然堵塞体根据自身的存在周期可以划分为瞬态、暂态和长态三类；按照成因又可分为滑坡坝、冰碛坝、火山岩坝等。本节为了能够更好地探讨沟道内天然堵塞体的失稳特征，根据我国现行的《岩土工程勘察规范》中对岩土体的分类标准，将碎石含量超过50％的天然堵塞体称为堆石（坝）体，其他情况归为堆积体。

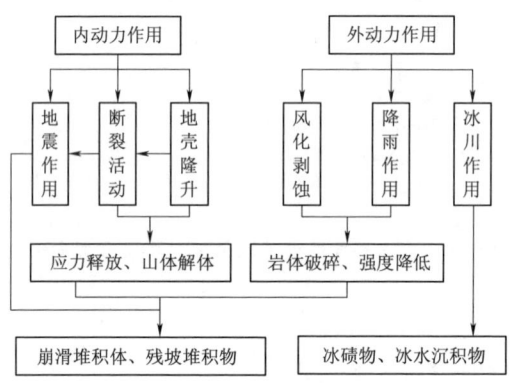

图 3-10　泥石流沟道内松散堆积体成因机制的
内外动力耦合模型（刘衡秋等[21]）

根据上述分类标准，堆石体的物质组成以粗大的碎石颗粒为主，而堆积体的物质组成中细颗粒占重要地位。在强震区，泥石流沟道内的堵塞体主要由两岸岩土体以崩塌、跌落、滑动和流动等方式堆积而成，它是一个典型的颗粒物质系统，具有结构松散、稳定性差、非均质且非连续等特点。堆石体由于颗粒粒径较大，其整体稳定性主要受单个颗粒起动的临界条件影响；而堆积体由于内部有细颗粒填充，经压缩固结作用具有基本符合库仑准则的剪切强度，因此可近似采用该强度值来描述堆积体的整体稳定性。堆石体与堆积体的基本特征见表 3-3。

表 3-3　　　　　　　　堆石体与堆积体的基本特征

类型	物质组成	主要形成方式	稳定性的判断条件
堆石体	碎石含量＞50％	崩塌、跌落	单个颗粒处于静止状态
堆积体	碎石含量≤50％	滑动、流动	应力状态处于剪切强度内

注　粒径大于 20mm 的颗粒质量超过总质量 50％的土称为碎石土。

在描述沟道内天然堵塞体的失稳溃决特征时，根据堵塞体溃决的历时长短，可将其溃决方式划分为瞬间溃决和逐渐溃决两类；按照堵塞体溃决的形态特征又可分为全部溃决和局部溃决两种。为了便于下文进行溃决型泥石流形成特征的分析,将泥石流沟道内稳定性最好的堵塞体定义为主级堵塞体,其对泥石流的形成起主控作用,且堵塞体多以漫顶破坏为主;余者称为次级堵塞体。

3.3.2 堵塞体失稳机理

天然堵塞体的失稳是一个复杂的水文、水力和地质现象,其作为一类特殊的岩土体系统,具有特定的物质组成、形成方式和结构特征,在众多内外因素的耦合作用下可能发生失稳导致溃决。根据失稳破坏机制不同,天然堵塞体的失稳存在三种基本模式[22]:水流从堵塞体顶部至底部侵蚀作用导致的漫顶破坏;堵塞体未经完整固结过程,发生渗透作用导致的管涌破坏;堵塞体沿滑动面的失稳破坏。沟道内天然堵塞体的三种基本失稳模式如图 3-11 所示,其中漫顶破坏和管涌破坏为沟道内天然堵塞体溃决的常见模式。

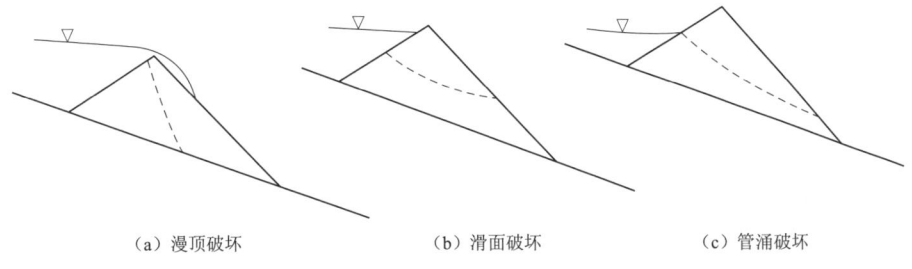

(a)漫顶破坏　　　　　(b)滑面破坏　　　　　(c)管涌破坏

图 3-11　沟道内天然堵塞体失稳的基本模式(据匡尚富[23] 修改)

(a) 漫顶破坏模式:在强降雨条件下,当雨强大于地表渗流时,地表形成一定强度的表面径流,随着径流速度不断增加,堵塞体上游水位上升速度远比堵塞体内浸润线的传播速度快,致使堵塞体表面受侵蚀,表层颗粒物质被不断搬运,直至堵塞体失稳,发生溃决,整个破坏过程历时较短。

(b) 滑面破坏模式:主要发生在沟道坡度较陡,堵塞体透水系数较大,且强度极弱的情形之下,随着堵塞体上游水位快速上升,在浸润线尚未到达下游坡面之前,堵塞体内渗流水位使得其荷重增加,同时,饱和部分因渗透水的浮力作用,颗粒间的摩擦阻力降低,最终导致堵塞体失稳,并沿着某一滑动面产生滑动。

(c) 管涌破坏模式:与前两者相比,这类破坏模式的堵塞体透水系数最大,在堵塞体上游流水的静、动水压力共同作用下,当渗透压力大于堵塞体物质组成的抵抗力,堵塞体内部细颗粒首先发生运动,并逐渐形成运移通道,渗流管道横断面不断扩大,最终诱发堵塞体失稳,发生溃决,整个过程发展较慢。

根据沟道内堵塞体失稳破坏模式的特征和对溃决型泥石流的野外调查分析得出,强震区溃决型泥石流沟道内堵塞体的失稳以漫顶破坏模式为主,而冰湖溃决型泥石流沟道内的堵塞体则多以管涌破坏模式溃决,其原因可能有二:

①震区泥石流沟道内的堵塞体形成时间较短，自身稳定性比冰湖溃决型泥石流沟道内堵塞坝的稳定性差，其表层物质也更易于被降雨径流和上游水流冲刷搬运，从而发生侵蚀破坏，同时，对于震区泥石流沟道内的堆石体主要以冲刷起动单个大石块的形式发生破坏，或以起动某一粒径范围内的颗粒物质破坏；②冰湖溃决型泥石流沟道堵塞体后的冰湖内常年有水，水流不断的渗透作用使得堵塞体内的细颗粒物质易于流失，从而形成渗流管道，触发管涌破坏；震区则以降雨触发为主。

从土力学的角度分析，沟道内天然堵塞体失稳主要是由于岩土体内的含水量增大，在水量增大过程中，堵塞体由不饱和状态到饱和状态，再到过饱和状态，直至突破堵塞体自身稳定性、沟道底部及两侧剪切力所构成的摩阻力，最终发生溃决。从力学角度分析，泥石流沟道内堵塞体的溃决过程就是颗粒系统在应力场中的破坏过程，位于具有一定坡度沟道内的堵塞体，本身处于一定的应力场中，具有一定势能。堵塞体受到以上游流体作用力和自身重力分力为主的沿沟道斜面向下的起动力和以组成堵塞体的岩土体内部结构连接和摩擦力为主的抵抗力。当起动力小于抵抗力时，堵塞体处于稳定状态；当起动力等于抵抗力时，堵塞体处于临界状态；当起动力大于抵抗力时，堵塞体发生失稳，最终导致溃决。起动力的增加和抵抗力的减小均有利于堵塞体失稳，导致溃决。

通常情况下，泥石流沟道内的天然堵塞体是处于一个介于河流纵比降与滑坡坡度的坡降范围内，其失稳溃决主要由上游洪水或稀性泥石流的冲刷侵蚀作用形成。根据表3-4对比溃决型泥石流与一般型泥石流可知，前者的动力过程主要受控于沟道内堵塞体的堵溃特征，而后者的暴发由于降雨及重力作用共同影响，且由于上游要形成较大的洪水冲刷，故暴发溃决型泥石流需要较大的前期雨量。

表3-4　溃决型泥石流与一般型泥石流（我国西部山区）对比

泥石流		前期雨量/mm	激发小时雨强/mm	主要动力条件
溃决型泥石流	舟曲泥石流	96.3	77.3	沟道内多处堆石体溃决
	红椿沟泥石流	162.1	16.4	主、支沟交汇处形成的大型堆积体溃决
	七盘沟泥石流	119.3	6.4	沟道内多处堰塞湖溃决
一般型泥石流[1]		50	30	降雨及重力作用

根据第2章中对典型沟道溃决型泥石流动力特征的研究，以及表3-4的对比分析，泥石流沟道内天然堵塞体的形成方式包括两岸崩塌滑坡、支沟冲出物和弯道卡口等。按照溃决型泥石流的动力过程特征，将强震区泥石流沟道内天然堵塞体失稳溃决形成泥石流的激发模式，归纳为三类典型的溃决链式。

第一类溃决链式：较大的激发雨强→沟道内堆石体中大石块起动→泥石流

在沟道内多处散布堆石体的情形下，由于堆石体的失稳主要受控于单个石块起动，因此，需要在较大的激发雨强作用下，使堆石体中的单颗粒失稳，进而破坏堆石体的整体稳定性，最终发生溃决，形成泥石流。

第二类溃决链式：较大的前期雨量→漫顶侵蚀→堆积体剪切破坏→泥石流

由于支沟坡度较陡，在同等雨量条件下往往先于主沟发生泥石流，并且其冲出的物质堆积于主、支沟交会处，在沟道内极易形成大型堵塞体，规模巨大使得这类堵塞体需要在上游较大的冲击力作用下才会失稳，因此，需要在较大或相对较长时间的前期雨量作用下，堵塞体首先发生漫顶侵蚀，进而随着自身强度降低，发生剪切破坏，最终溃决，形成泥石流。

第三类溃决链式：较大的前期雨量→堰塞湖拦蓄→堰塞湖溃决→泥石流

在沟道内形成的堰塞湖，具有类似于大坝"拦沙蓄水"的功能，在较大或相对较长时间的前期雨量作用下，堰塞体首先发生表面侵蚀，随着侵蚀断面不断扩大，堰塞体自身强度降低，进而失稳溃决，最终形成泥石流。

当沟道内堵塞情况复杂时，形成泥石流的溃决链式可能有多种类型并存。野外调查分析发现，沟道内天然堵塞体失稳溃决与其在沟道中所处的位置有关，当堵塞体位于沟道最上游位置或为主级堵塞体时，堵塞体以漫顶侵蚀溃决为主，且漫顶侵蚀过程历时主要受地表径流强度和上游流体冲压力大小的影响，由于该破坏模式下，堵塞体溃决阶段历时较短，因此，可以假设为瞬时溃决，当堵塞体位于沟道下游且为次级堵塞体时，堵塞体失稳以瞬间全部溃决为主。

通常情况下，沟道内堵塞体的过水方式包括三种类型：①渗透型，即水流在堵塞体表面不发生溢流，而是经过堵塞体内的渗透作用流向下游；②漫流-渗透型，即水流在堵塞体表面溢流进入堵塞体后从下游坡面渗出；③漫流侵蚀型，即水流主要在堵塞体表面流动并发生侵蚀。根据堵塞体过水方式的不同和堵塞体破坏模式的差别认为，管涌破坏的堵塞体过水方式主要为渗透型，而漫顶破坏的堵塞体过水方式主要是漫流侵蚀，由于破坏历时较短，该过程中的渗流作用可忽略，水流渗透主要发生在堵塞体溃决之前。野外调查发现，强震区溃决型泥石流沟道内堵塞体多为堆石体，且其失稳以漫顶破坏模式为主，过水方式多属漫流侵蚀型。

3.3.3 堵塞体失稳判别式

3.3.3.1 堆石体失稳判别式

沟道内堆石体具有一定级配，其稳定性与组分中最大粒径石块的起动条件有直接关系。当堆石体中的最大粒径石块占沟道断面的主要空间时，堆石体的失稳条件可以用最大粒径石块的起动临界条件来表示；当堆石体中的石块粒径相差不大时，可以将堆石体视为无黏性堆石坝来分析其失稳条件。

1. 用最大粒径石块（大石块）的起动临界条件来判断堆石体的稳定状态

在沟道上游暴发洪水或稀性泥石流的情形下，大石块主要受上游流体及自身重力的作用，其中，上游流体对石块的作用力主要包括上举力和拖曳力（即冲压力）。由于在石块失稳的瞬间状态中，流体冲压力和石块自身重力起主要作用，因此，为建立堆石体失稳的简化判别式，在作失稳分析时假设大石块在垂直沟道方向的合力为零，并假定石块为等效直径的圆形球体，则其受力如图 3-12 所示。

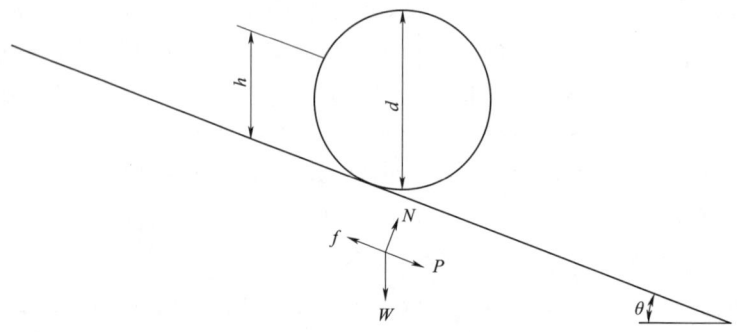

图 3-12 大石块临界状态受力示意图（假设石块为理想球体）

根据上述假设条件和受力分析图，大石块在沿平行于沟道方向上主要受上游流体的冲压力 P、重力分量 $W\sin\theta$ 和颗粒摩擦力 f，在垂直于沟道方向上主要受沟床支持力 N 和重力分量 $W\cos\theta$，应力分析包括起动力和阻抗力两部分。

(1) 起动力：上游泥石流体的冲压力 P，石块重力分量 $W\sin\theta$。

(2) 阻抗力：石块摩擦力 $W\cos\theta \times \tan\varphi$，忽略沟床两侧阻力。

(3) 基本参数：沟床坡度 $\theta/(°)$，颗粒摩擦角 φ（取水下休止角）$/(°)$，上游流深 h/m，流速 $V_c/(\mathrm{m/s})$，上游流体容重 $\gamma_c/(\mathrm{kN/m^3})$，石块粒径 d/m，石块饱和重度 $\gamma_s/(\mathrm{kN/m^3})$，水重度 $\gamma_w/(\mathrm{kN/m^3})$，重力加速度 $g/(\mathrm{N/kg})$。

按式 (2.13) 计算泥石流体冲压力。

大石块的重力为

$$W = \frac{1}{6}(\gamma_s - \gamma_w)\pi d^3 \tag{3.19}$$

起动力为

$$\tau_d = \frac{2}{3}(\gamma_s - \gamma_w) d \sin\theta + P \tag{3.20}$$

阻抗力为

$$\tau_f = \frac{2}{3}(\gamma_s - \gamma_w)d\cos\theta\tan\varphi \tag{3.21}$$

大石块起动临界条件判别式为

$$F_s = \frac{\tau_f}{\tau_d} = \frac{(\gamma_s - \gamma_w)gd\cos\theta\tan\varphi}{(\gamma_s - \gamma_w)gd\sin\theta + 1.5\lambda\gamma_c V_c^2\sin\alpha} \tag{3.22}$$

式（3.22）中，当 $F_s > 1$ 时，石块静止；当 $F_s < 1$ 时，石块起动；当 $F_s = 1$ 时，石体处于临界状态。将泥石流流速计算式（2.8）或式（2.9）代入判别式中，即可得到堆石体中大石块所处的状态，进而判断出堆石体的稳定性。

2. 将堆石体视为无黏性堆石坝来分析其稳定状态

除上述用大石块的起动条件来判定堆石体的稳定性外，通常情形下，堆石体都是由一定级配的碎石土组成的，将其视为无黏性堆石坝进行稳定性分析时，可以忽略颗粒之间的内聚力。在沟道上游暴发洪水或稀性泥石流的情形下，考虑堵塞体失稳的瞬间状态，堆石体仍然主要受上游流体及自身重力的作用。一般情况下，由于泥石流沟道内的天然堵塞体长度和宽度均大于堵塞体的厚度，因此采用无限坡模型[24]对堵塞体进行受力分析。取单宽堆石体进行受力分析，其受力情况如图 3-13 所示。

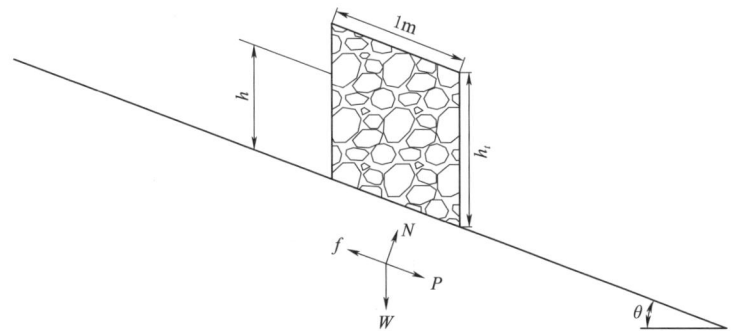

图 3-13 堆石体临界状态受力示意图（取单宽堆石体进行受力分析）

根据上述假设条件和受力分析图，堆石体在沿平行于沟道方向上主要受上游流体的冲压力 P、重力分量 $W\sin\theta$ 和颗粒摩擦力 f，在垂直于沟道方向上主要受沟床支持力 N 和重力分量 $W\cos\theta$，应力分析包括起动力和阻抗力两部分。

(1) 起动力：上游泥石流体的冲压力 P，堆石体重力分量 $W\sin\theta$。

(2) 阻抗力：堆石体的抗剪强度 τ_f（内聚力 $c \approx 0$）。

(3) 基本参数：沟床坡度 $\theta/(°)$，上游流深 h/m，流速 $V_c/(m/s)$，上游流体容重 $\gamma_c/(kN/m^3)$，有效内摩擦角 $\varphi/(°)$，堆石体饱和重度 $\gamma_s/(kN/m^3)$，

水重度 $\gamma_w/(kN/m^3)$，重力加速度 $g/(N/kg)$，堆石体高 h_t/m。

按式（2.13）计算泥石流体冲压力。

堆石体的重力为

$$W=(\gamma_s-\gamma_w)h_t \tag{3.23}$$

起动力为

$$\tau_d=(\gamma_s-\gamma_w)h_t\sin\theta+P \tag{3.24}$$

阻抗力为

$$\tau_f=(\gamma_s-\gamma_w)h_t\cos\theta\tan\varphi \tag{3.25}$$

堆石体失稳判别式为

$$F_s=\frac{\tau_f}{\tau_d}=\frac{(\gamma_s-\gamma_w)gh_t\cos\theta\tan\varphi}{(\gamma_s-\gamma_w)gh_t\sin\theta+\lambda\gamma_c V_c^2\sin\alpha} \tag{3.26}$$

式（3.26）中，当 $F_s>1$ 时，堆石体静止；当 $F_s<1$ 时，堆石体失稳；当 $F_s=1$ 时，堆石体处于临界状态。将泥石流流速计算式（2.8）或式（2.9）代入判别式中，即可得判断堆石体的稳定性。

3.3.3.2 堆积体失稳判别式

按照沟道内堵塞体的划分原则，堆积体中含大量细颗粒物质，其整体稳定性由堆积体的抗剪强度所决定，在沟道暴发泥石流的情况下，沟道内天然堆积体主要受上游流体及自身重力作用，其中，上游流体对堆积体的作用力主要是流体的拖曳力（即冲压力）。一般情况下，由于泥石流沟道内的天然堵塞体长度和宽度均大于堵塞体的厚度，因此采用无限坡模型[24]对堵塞体进行受力分析。取单宽堆积体进行受力分析，其受力情况如图 3-14 所示。

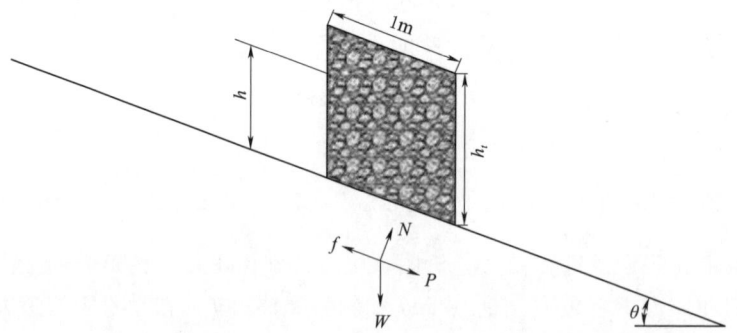

图 3-14　堆积体临界状态受力示意图（取单宽堆积体进行受力分析）

根据上述假设条件和受力分析图，堆积体在沿平行于沟道方向上主要受上游流体的冲压力 P、重力分量 $W\sin\theta$ 和颗粒摩擦力 f，在垂直于沟道方向上主要受沟床支持力 N 和重力分量 $W\cos\theta$，应力分析包括起动力和阻抗力两部分。

(1) 起动力：上游泥石流体的冲压力 P，堆积体重力分量 $W\sin\theta$。

(2) 阻抗力：堆积体的抗剪强度 τ_f。

(3) 基本参数：沟床坡度 $\theta/(°)$，上游流深 h/m，流速 $V_c/(m/s)$，上游流体容重 $\gamma_c/(kN/m^3)$，堆积体有效内聚力 c/kPa，有效内摩擦角 $\varphi/(°)$，堆积体饱和重度 $\gamma_s/(kN/m^3)$，水重度 $\gamma_w/(kN/m^3)$，重力加速度 $g/(N/kg)$，堆积体高 h_t/m。

按式（2.13）计算泥石流体冲压力。

堆石体的重力为

$$W=(\gamma_s-\gamma_w)h_t \tag{3.27}$$

起动力为

$$\tau_d=(\gamma_s-\gamma_w)h_t\sin\theta+P \tag{3.28}$$

阻抗力为

$$\tau_f=ch_t+(\gamma_s-\gamma_w)h_t\cos\theta\tan\varphi \tag{3.29}$$

堆积体失稳判别式为

$$F_s=\frac{\tau_f}{\tau_d}=\frac{ch_tg+(\gamma_s-\gamma_w)gh_t\cos\theta\tan\varphi}{(\gamma_s-\gamma_w)gh_t\sin\theta+\lambda\gamma_cV_c^2\sin\alpha} \tag{3.30}$$

式（3.30）中，当 $F_s>1$ 时，堆积体静止；当 $F_s<1$ 时，堆积体起动；当 $F_s=1$ 时，堆积体处于临界状态。将泥石流流速计算式（2.8）或式（2.9）代入判别式中，即可得判断堆积体的稳定性。

基于简化假设的堵塞体力学平衡条件分析，建立了各类堵塞体失稳判别值的计算式：利用式（3.22）计算由大石块的起动临界条件判断堆石体的失稳判别值，其余情形用式（3.26）计算堆石体的失稳判别值；利用式（3.30）计算沟道堆积体的失稳判别值。

3.3.3.3 验证与讨论

野外调查发现，强震区暴发的溃决型泥石流沟道内的堵塞体多为堆石体。为了能够方便地应用上述建立的失稳判别式对泥石流沟道内堵塞体的稳定性进行分析，将含有截面积超过堵塞体总断面 50% 的大石块（粒径≥50cm）的堆石体用式（3.22）计算失稳判别值，其余情形的堆石体用式（3.26）计算。由于本书获取的堵塞体样本均属于第Ⅱ类堆石体，因此，下面仅以式（3.26）为例对上述建立的堵塞体失稳判别式进行验证，如表 3-5 所示。由表 3-5 得知，利用上述力学平衡条件建立的堵塞体失稳判别式计算的判别值与堵塞体的实际状态相吻合，因此，上述堵塞体失稳判别式具有一定实用价值。

表3-5　　　溃决型泥石流沟道内堵塞体的失稳判别值计算

沟名	堵塞体名称	沟道坡降/‰	堵塞体高度/m	有效内摩擦角/(°)	堵塞体饱和容重/(kN/m³)	迎水面冲压力/kPa	判别值F_s	实际状态
响水沟	1-1堵塞体	176	6.5	29	19.80	29.40	0.86	全溃
红椿沟	甘溪铺沟口	260	2.5	26	18.90	308.40	0.03	全溃
七盘沟	红石潮	262	8.0	28	17.60	69.73	0.37	半溃
七盘沟	小沟沟口	200	7.2	20	18.10	110.70	0.17	全溃
七盘沟	黄泥槽	144	7.5	32	18.30	148.40	0.24	全溃
七盘沟	老鹰岩	137	12.0	32	17.80	347.58	0.16	全溃

3.3.4　堵塞体优势通道

3.3.4.1　优势通道模型

沟道堵塞体溃决是一个复杂的水文、水力和地质过程[22]，目前对于沟道型泥石流的溃决起动主要按漫顶破坏、管涌破坏和滑面失稳三类破坏模式进行分析，但实际中的堵塞体溃决可能是一种或多种形式并存，因此，本书提出基于优势流理论[25]和边坡稳定性分析中的安全系数法[26]，建立能够分析一种或多种溃决形式并存的沟道溃决起动模型，称为优势通道模型。

根据优势流概念，堵塞体上的优势通道可定义为水流流经的表面侵蚀沟或堵塞体内部的管涌洞，如图3-15所示。沟道溃决起动过程可分为堵塞体表面侵蚀与优势入渗、优势通道贯通和堵塞体溃决形成泥石流三个阶段。由于堵塞体结构的非均质性及其形成中具有的随机性，在降雨和上游水流作用下堵塞体表面或内部均可能形成优势通道；当堵塞体表面侵蚀或内部入渗达到一定程

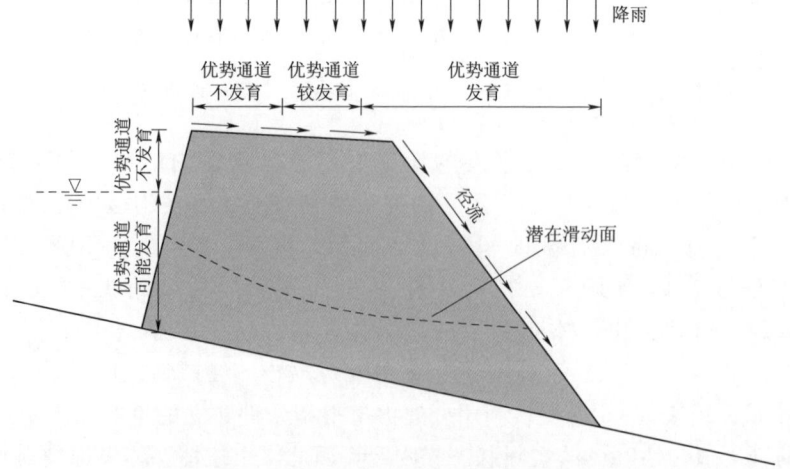

图3-15　沟道堵塞体上的优势通道分布部位划分

度，优势通道将贯通堵塞体上下游导致溃决；在溃决水流作用下，沟道物源若能满足水流达到一定固体浓度，则最终形成泥石流。

目前关于优势通道的理论研究主要集中在土壤学和水文学领域，其数学模型包括连续性模型、离散模型和分形模型三类[27]，另外在分析边坡稳定性时也出现了一些应用研究[28-30]，但在沟道内天然堵塞体的稳定性分析中还未见相关研究。由于堵塞体上优势通道发育与其表面密实度和内部渗透性有关，确定优势通道的具体位置比较复杂。本文作为探索研究，首先假设侵蚀沟和管涌洞两类优势通道在堵塞体可能发育部位均可以形成，然后基于考虑了优势通道的渗流场中计算堵塞体的应力场及其安全系数，其中，安全系数包括采用条分法计算的全局最小值和采用以下方法确定的局部安全系数。

在堵塞体的应力场中，各点均可定义一个代表该处稳定性的标量，如图3-16所示，实线圆（莫尔圆）表示当前某点的应力状态。根据莫尔-库仑准则，当渗流场中某点吸应力 σ^s 增加，其平均有效应力 σ'_I 将减小，从而改变整个应力场，莫尔圆左移直至与包络线 AB 相切，达到失稳条件。因此，按照应力路径移动模式可分析堵塞体内各点稳定性标量随时间的变化情况，在判断某点的稳定性时，采用式（3.31）计算局部安全系数 LFS：

$$LFS = \frac{\tau^*}{\tau} = \frac{\cos\varphi'}{\sigma'_\mathrm{II}}(c' + \sigma'_\mathrm{I}\tan\varphi')$$

$$\sigma'_\mathrm{I} = \frac{\sigma'_1 + \sigma'_3}{2} = \frac{\sigma_1 + \sigma_3}{2} - \sigma^s$$

$$\sigma'_\mathrm{II} = \frac{\sigma'_1 - \sigma'_3}{2} = \frac{\sigma_1 - \sigma_3}{2} \quad (3.31)$$

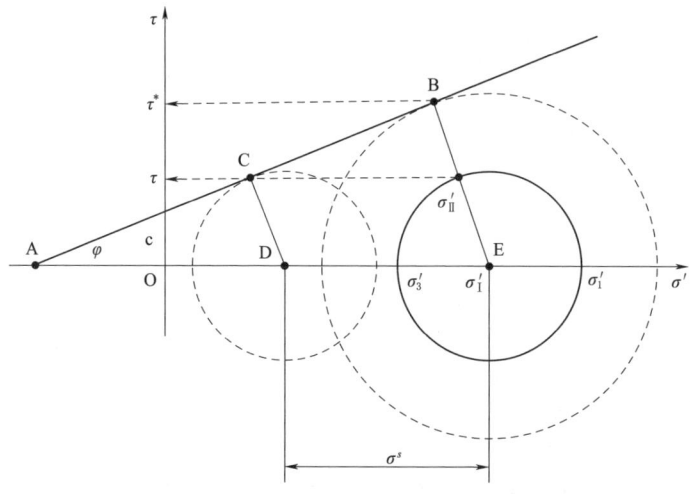

图 3-16　局部安全系数标量场（改自 Lu 等[26]）

3.3.4.2 验证与讨论

采用上述优势通道概念模型分析沟道堵塞体溃决时，首先需要假定优势通道的形成部位，然后基于优势通道计算堵塞体的渗流场，并在渗流场中确定堵塞体的各点应力，最后采用式（3.31）计算堵塞体内部点的安全系数，以及Morgenstern-Price条分法计算堵塞体的全局最小安全系数，分析其稳定性随时间的变化特征。这里采用Geostudio软件中的SEEP/W和SLOPE/W模块进行算例分析，其中SEEP/W模块可用于非饱和土体的渗流分析，其可以模拟多孔材料，能够通过分析不均匀或非饱和条件下岩土体中水流运动和孔隙水压力变化情况，从而得到岩土体内部的渗流场信息；SLOPE/W模块可用于边坡的稳定性分析，能够采用多种条分法计算边坡的安全系数。

下面以图3-17所示的堵塞体剖面为例进行计算，假设堵塞体为均匀的砂质砾石堆，其高度为10m、顶部长2m、底部长28m、上游坡度为1:1，下游坡度为1:1.6。根据《岩土工程勘察规范》建议的岩土参数取值范围，砂质砾石堆的内摩擦角取28°、内聚力18kPa、容重为18.5kN/m³，渗透系数为0.05cm/s，材料饱和含水率为0.37，设置边界条件为上游水位10m。对堵塞体以0.5m为精度进行三角形剖分，并在图示部位设置侵蚀沟和管涌洞通道初始宽为2m，深1m。计算工况包括：①没有设置优势通道；②设置表面侵蚀沟；③设置内部管涌洞；④同时设置表面侵蚀沟和内部管涌洞。

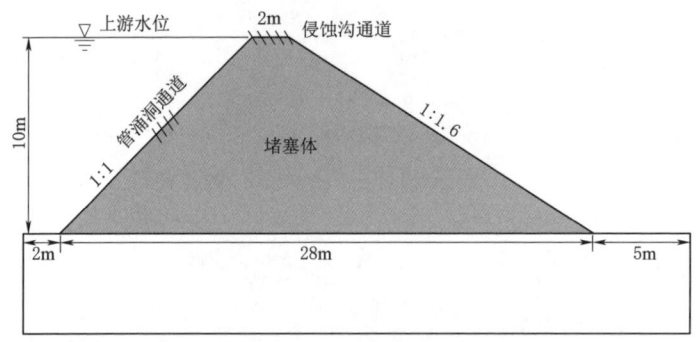

图3-17 算例几何尺寸

针对各种工况，首先计算堵塞体随时间变化的渗流场，然后在渗流场中分析堵塞体的应力场及其安全系数，绘制四种工况下堵塞体安全系数随时间的变化曲线，如图3-18所示。根据计算结果可知，在考虑优势通道发育的渗流场下，堵塞体的稳定性随时间减小的幅度更大；侵蚀沟通道对堵塞体稳定性的影响在初始阶段并不明显，而管涌洞通道的影响却很显著，这说明管涌破坏对堵塞体失稳溃决的影响比侵蚀沟更快速；在同时考虑两种优势通道时，管涌洞对堵塞体稳定性的影响占主要地位。由此可知，在评价堵塞体稳定性时，分析其内部优势通道具有重要意义。

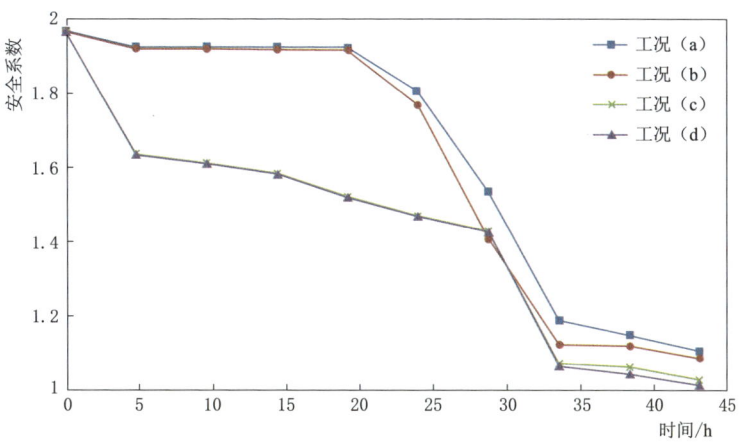

图 3-18　堵塞体安全系数随时间的变化情况

根据上述对优势通道模型的分析可知,优势通道能够同时描述沟道堵塞体溃决的多种机理,因此,在分析灾害时能够更加全面地看待问题。对于堵塞体失稳的优势通道模型有以下几点还需进一步研究探讨:一是对优势通道的定义以及对其类型的划分;二是如何准确地确定堵塞体上优势通道发育的具体部位,及其发育规律;三是如何更好地描述优势通道的发育过程,这可以结合现有关于堵塞体漫顶侵蚀、管涌破坏和整体失稳的研究进行整合讨论;四是如何建立优势通道贯通的判断方法。

3.4　泥石流预警方法评价

泥石流是一类短历时的局部事件,其时空尺度和预警技术要求均与河流洪水有所区别,如图 3-19 所示,降雨实时预报在短历时事件预警中具有重要地位。根据式(3.1)描述的泥石流形成条件,进行泥石流预警的关键在于如何更准确地计算 $P(A|BC)$,其中水源条件 A 可根据当地实时降雨数据确定,而形成泥石流的临界值 A_c 则需要采用更能揭示泥石流起动机理的数学方法确定。

从一定程度上讲,能够更多地反映泥石流形成条件的起动模型具有更好的可靠性,且在泥石流预警中也能更准确地捕获事件发生的概率。因此,在选择或建立泥石流的预警方法时,一方面要考虑方法自身的实用性,另一方面还应评价其能够在多大程度上揭示泥石流形成机理的信息。需要指出的是,目前在泥石流形成的三大条件中,物源条件的研究较为薄弱,这也是大多数泥石流预

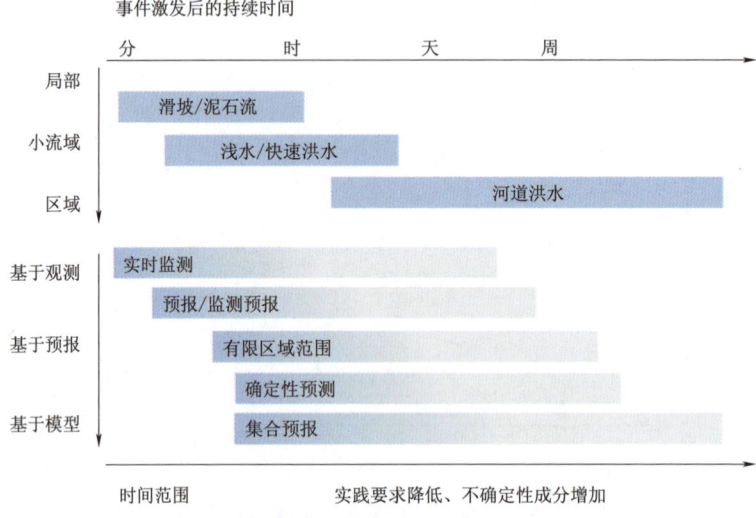

图 3-19 泥石流、洪水等时间尺度及其预警技术要求（改自 Borga 等[31]）

警方法中未能考虑的。因此，加强泥石流物源，尤其是沟道内物源动储量的评估，对进一步完善泥石流预警方法完善具有重要意义。

在进行泥石流预警时，能够获取泥石流从起动到形成全过程动态变化的信息具有重要意义，然而这也是现有泥石流灾害预警方法所欠缺的。基于降雨数据分析，建立沟道产汇流水文模型，再将其计算结果用于泥石流起动的全过程分析是一条有效的研究途径，而这种分析结果的可信度又很大程度上取决于泥石流的起动模型。

目前确定临界值 A_c 的方法大多是基于降雨指标建立的统计关系式或者基于力学平衡推导的计算式，前者受地域限制且经验性较强，后者较少考虑到事件形成过程中存在的随机特性。本书建立的力学-随机模型和优势通道模型不仅能够反映泥石流的起动机理，还可对应实时降雨资料分析沟道内泥石流起动的全过程，是改进现有方法的有益探讨。另外，在沟道侵蚀起动的力学-随机模型中还考虑了部分影响因素的随机性，模型中涉及的沟道坡度、径流水深、沟床颗粒粒径分布和颗粒间的内摩擦角等主要变量能够综合体现泥石流形成的地形、水源和物源三大条件。

参考文献

[1] Wainwright J, Parsons A J, Cooper J R, et al. The concept of transport capacity in geomorphology [J]. Reviews of Geophysics, 2015, 53 (4): 1155-1202.

[2] 李泳，胡凯衡，苏凤环，等. 流域演化与泥石流的系统性——以云南东川蒋家沟为

例［J］. 山地学报，2009，27（4）：449-456.

[3] Meyer N K, Schwanghart W, Korup O, et al. Estimating the topographic predictability of debris flows [J]. Geomorphology, 2014, 207: 114-125.

[4] Jakob M, Bovis M, Oden M. The significance of channel recharge rates for estimating debris-flow magnitude and frequency [J]. Earth Surface Processes and Landforms, 2005, 30 (6): 755-766.

[5] Bovis M J, Jakob M. The role of debris supply conditions in predicting debris flow activity [J]. Earth Surface Processes and Landforms, 1999, 24 (11): 1039-1054.

[6] Glade T. Linking debris-flow hazard assessments with geomorphology [J]. Geomorphology, 2005, 66 (1-4): 189-213.

[7] Brayshaw D, Hassan M A. Debris flow initiation and sediment recharge in gullies [J]. Geomorphology, 2009, 109 (3-4): 122-131.

[8] Einstein H A. Bed load transport as a probability problem [J]. Sedimentation, Symposium to Honor Professor H A Einstein, Appendix, C, P. O. Box 606, Fort Collins, Colorado, 1972, 10-15.

[9] 韩其为，何明民. 泥沙起动规律及起动流速［M］. 北京：科学出版社，1999.

[10] 韩其为，何明民. 泥沙运动统计理论［M］. 北京：科学出版社，1984.

[11] 韩其为. 非均匀悬移质不平衡输沙［M］. 北京：科学出版社，2013.

[12] 韩其为. 推移质运动统计理论［M］. 北京：科学出版社，2021.

[13] 费祥俊，舒安平. 泥石流运动机理与灾害防治［M］. 北京：清华大学出版社，2004.

[14] Booth A M, Hurley R, Lamb M P, et al. Force chains as the link between particle and bulk friction angles in granular material [J]. Geophysical Research Letters, 2014, 41 (24): 8862-8869.

[15] Wiberg P L, Smith J D. Calculations of the critical shear stress for motion of uniform and heterogeneous sediments [J]. Water resources research, 1987, 23 (8): 1471-1480.

[16] 韩其为，何明民. 底层泥沙交换和状态概率及推悬比研究［J］. 水利学报，1999，10：7-16.

[17] 韩其为. 非均匀沙推移质运动理论研究及其应用［R］. 北京：中国水利水电科学研究院，2011.

[18] Berti M, Simoni A. Experimental evidences and numerical modelling initiated by channel runoff [J]. Landslides, 2005 (2): 171-182.

[19] 刘希林，吕学军，苏鹏程. 四川汶川茶园沟泥石流灾害特征及危险度评价［J］. 自然灾害学报，2004，13（1）：66-71.

[20] Takahashi T. Mechanical characteristics of debris flow [J]. Hydraulics Division, ASCE, 1978, 104 (8): 1153-1169.

[21] 刘衡秋，胡瑞林. 大型复杂松散堆积体形成机制的内外动力耦合作用初探［J］. 工程地质学报，2008，16（3）：291-297.

[22] Costa J E, Schuster R L. Formation and failure of natural dams [J]. Geological Society of America Bulletin, 1988, 100 (7): 1054-1068.

[23] 匡尚富. 天然坝溃决的泥石流形成机理及其数学模型［J］. 泥沙研究，1993（4）：42-57.

[24] Salciarini D, Tamagnini C, Conversini P, et al. Spatially distributed rainfall thresholds for the initiation of shallow landslides [J]. Natural hazards, 2012, 61 (1): 229-245.

[25] Beven K, Germann P. Macropores and water flow in soils [J]. Water Resources Research, 1982, 18 (5): 1311-1325.

[26] Lu N, Başak Şener-Kaya, Wayllace A, et al. Analysis of rainfall-induced slope instability using a field of local factor of safety [J]. Water Resources Research, 2012, 48 (9).

[27] 盛丰, 张利勇, 吴丹. 土壤优先流模型理论与观测技术的研究进展 [J]. 农业工程学报, 2016, 32 (6): 1-10.

[28] 马佳. 裂土优势流与边坡稳定性分析方法 [D]. 北京: 中国科学院研究生院, 2007.

[29] 陈延博. 优势流对非饱和土边坡稳定影响分析 [D]. 贵阳: 贵州大学, 2016.

[30] 张珊珊. 黄土斜坡优势通道及优势入渗规律 [D]. 北京: 中国地质大学, 2018.

[31] Borga M, Stoffel M, Marchi L, et al. Hydrogeomorphic response to extreme rainfall in headwater systems: Flash floods and debris flows [J]. Journal of Hydrology, 2014, 518 (4): 194-205.

第 4 章

沟道型泥石流的演进机理

泥石流作为一类典型的山区小流域地表侵蚀和输沙现象,其演进过程除了满足一些浅水运动的基本规律,还表现出显著的非均匀和非恒定等性质,并伴随着强烈冲淤、阵性发展、颗粒分选等特征。为了深入揭示泥石流的演进机理,本章将在多层多相介质框架下,基于两相流、颗粒流、高含沙水流、不平衡输沙等理论成果建立沟道型泥石流演进的动力学模型;对泥石流的侵蚀过程、三维结构特征等方面进行分析。

4.1 泥石流的演进模型

4.1.1 数学描述

为了便于描述泥石流演进过程中的沟道侵蚀和流体三维结构变化等物理现象,建立由基岩层、侵蚀层和流动层构成的多层介质框架[1],其坐标系由笛卡儿直角坐标系分别沿 x 轴和 y 轴旋转 θ_x 和 θ_y 得到,如图 4-1 所示,x 为泥石流的流动方向,z 为沟床垂直方向。在建立沟道型泥石流的演进模型时,主

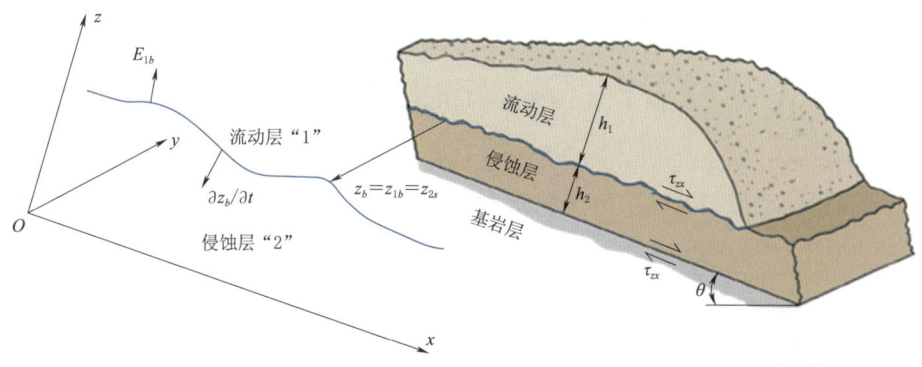

图 4-1 多层介质框架的概化图及其坐标系

要研究侵蚀层和流动层的发展变化，流动层厚度 h_1 由泥石流的流深决定，侵蚀层厚度 h_2 由沟床的可侵蚀性决定。

在起动过程结束后，最终成型的泥石流将表现出具有一定结构特征的流体性质[2]，可近似为连续介质。将泥石流中的水和细颗粒组成的浆体视为液相，较粗颗粒视为固相，并假定运动始终处于等温条件下，则泥石流的控制方程可表述为

$$\frac{\partial \rho_i C_i}{\partial t} + \nabla \cdot (\rho_i C_i \boldsymbol{u}_i) = m_{yi} \tag{4.1a}$$

$$\frac{\partial \rho_i C_i \boldsymbol{u}_i}{\partial t} + \nabla \cdot (\rho_i C_i \boldsymbol{u}_i \otimes \boldsymbol{u}_i) = \rho_i C_i \boldsymbol{g} - \nabla \cdot \boldsymbol{T}_i + \boldsymbol{I}_i \tag{4.1b}$$

式中，$i = f$、s 分别表示泥石流体中的液相和固相；m_{yi} 为各相的质量补给。且有：

$$C_f + C_s = 1, \boldsymbol{I}_f + \boldsymbol{I}_s = 0 \tag{4.2a}$$

$$\begin{pmatrix} g_x \\ g_y \\ g_z \end{pmatrix} = \begin{bmatrix} \cos(\theta_y) & 0 & -\sin(\theta_y) \\ 0 & 1 & 0 \\ \sin(\theta_y) & 0 & \cos(\theta_y) \end{bmatrix} \begin{bmatrix} 1 & 0 & 0 \\ 0 & \cos(\theta_x) & \sin(\theta_x) \\ 0 & -\sin(\theta_x) & \cos(\theta_x) \end{bmatrix} \begin{pmatrix} 0 \\ 0 \\ g \end{pmatrix} \tag{4.2b}$$

在笛卡儿直角坐标系中的应力张量，如图 4-2 所示，符号和方向均按照岩土力学中的约定，σ 和 τ 分别表示正应力和切应力。

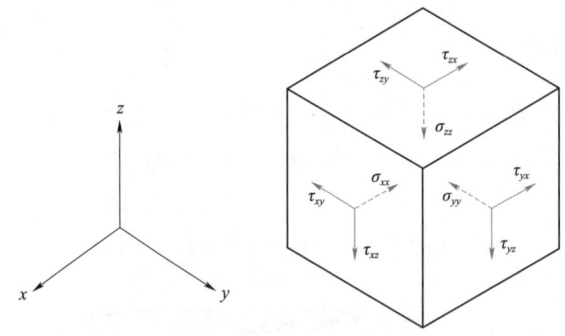

图 4-2　直角坐标系中的应力张量表示

根据 Iverson 和 Ouyang[3] 对地表流侵蚀过程中运动边界的研究成果，将图 4-1 中流动层与侵蚀层的接触面，即泥石流沟床边界条件表达为

$$\frac{\partial z_b}{\partial t} = w(z_b) - u(z_b)\frac{\partial z_b}{\partial x} - v(z_b)\frac{\partial z_b}{\partial y} - \xi_b E_b \tag{4.3}$$

式中：$\xi_b = [1 + (\partial z_b/\partial x)^2 + (\partial z_b/\partial y)^2]^{1/2}$ 为沟床地形起伏影响泥石流侵蚀过程的修正系数，一般情况下可近似地取为 1。

在实际计算分析中，通常采用深度平均理论[3-4]对上述控制方程进行处理，包括将式（4.1）展开并化简为二维混合体模型和两相流模型，以下将分别对两者进行阐述。在具体推导过程中，需要运用到计算式（4.4）：

$$\overline{f_1 f_2} \approx \overline{f}_1 \overline{f}_2, \int_{z_b}^{z_s} f \mathrm{d}z = h\overline{f}, \int_{z_b}^{z_s} \frac{\partial f}{\partial (\cdot)} \mathrm{d}z = \frac{\partial}{\partial (\cdot)}(h\overline{f}) - \left[f\frac{\partial z}{\partial (\cdot)} \right]_{z_b}^{z_s} \quad (4.4)$$

式中：$\overline{f}_1 = \overline{f}_1(t, x, y)$ 和 $\overline{f}_2 = \overline{f}_2(t, x, y)$ 分别为函数 $f_1 = f_1(t, x, y, z)$ 和 $f_2 = f_2(t, x, y, z)$ 的深度平均值；$z_s = z_s(t, x, y)$ 和 $z_b = z_b(t, x, y)$ 分别为流动层的表面和底部高程；$\partial (f)/\partial (\cdot)$ 表示函数 f 对 t、x 或 y 求偏导数。

还需指出，在展开泥石流的质量守恒方程式（4.1a）时，出现的边界质量交换项可采用沟床边界条件进行化简；在展开泥石流的动量守恒方程式（4.1b）时，出现的边界动量交换项也可采用沟床边界条件进行化简，而在考虑因速度梯度产生的动量变化项并进行化简时，引入动量分布系数[3]：

$$\beta_{uu} = \frac{1}{h\overline{u}^2}\int_{z_b}^{z_s} u^2 \mathrm{d}z = 1 + \frac{1}{h\overline{u}^2}\int_{z_b}^{z_s}(u - \overline{u})^2 \mathrm{d}z,$$

$$\beta_{vv} = \frac{1}{h\overline{v}^2}\int_{z_b}^{z_s} v^2 \mathrm{d}z = 1 + \frac{1}{h\overline{v}^2}\int_{z_b}^{z_s}(v - \overline{v})^2 \mathrm{d}z \quad (4.5\mathrm{a})$$

$$\beta_{uv} = \frac{1}{h\overline{u}\,\overline{v}}\int_{z_b}^{z_s} uv \mathrm{d}z = 1 + \frac{1}{h\overline{u}\,\overline{v}}\int_{z_b}^{z_s}(u - \overline{u})(v - \overline{v}) \mathrm{d}z \quad (4.5\mathrm{b})$$

在采用深度平均理论处理泥石流的控制方程时，其垂向上的总正应力与泥石流体 z 方向的重力分量平衡，满足如下关系式：

$$\sigma_{f(zz)} + \sigma_{s(zz)} = \rho g_z (h - z) \quad (4.6)$$

4.1.1.1 二维混合体模型

将控制方程式（4.1）进行深度积分运算，对混合体流速取质量加权平均，进行化简可得泥石流二维混合体模型（为了方便书写省略下标"1"，下同）的质量和动量守恒方程：

$$\frac{\partial (\overline{\rho} h)}{\partial t} + \frac{\partial (\overline{\rho} h \overline{u})}{\partial x} + \frac{\partial (\overline{\rho} h \overline{v})}{\partial y} = \overline{\rho} \xi_b E_b + m_y \quad (4.7\mathrm{a})$$

$$\frac{\partial (\overline{\rho} h \overline{u})}{\partial t} + \frac{\partial (\beta_{uu} \overline{\rho} h \overline{u}^2)}{\partial x} + \frac{\partial (\beta_{uv} \overline{\rho} h \overline{u}\,\overline{v})}{\partial y} = \overline{\rho} h g_x -$$

$$\int_{z_b}^{z_s}\left[\frac{\partial (\sigma_{f(xx)})}{\partial x} + \frac{\partial (\sigma_{s(xx)})}{\partial x} + \frac{\partial (\tau_{f(yx)})}{\partial y} + \frac{\partial (\tau_{s(yx)})}{\partial y} + \frac{\partial (\tau_{f(zx)})}{\partial z} + \frac{\partial (\tau_{s(zx)})}{\partial z} \right] \mathrm{d}z$$

$$+ \overline{\rho} u(z_b) \xi_b E_b \quad (4.7\mathrm{b})$$

$$\frac{\partial (\overline{\rho} h \overline{v})}{\partial t} + \frac{\partial (\beta_{vu} \overline{\rho}\,\overline{v}\,\overline{u})}{\partial x} + \frac{\partial (\beta_{vv} \overline{\rho} h \overline{v}^2)}{\partial y} = \overline{\rho} h g_y -$$

$$\int_{z_b}^{z_s}\left[\frac{\partial(\tau_{f(xy)})}{\partial x}+\frac{\partial(\tau_{s(xy)})}{\partial x}+\frac{\partial(\sigma_{f(yy)})}{\partial y}+\frac{\partial(\sigma_{s(yy)})}{\partial y}+\frac{\partial(\tau_{f(zy)})}{\partial z}+\frac{\partial(\tau_{s(zy)})}{\partial z}\right]\mathrm{d}z$$
$$+\overline{\rho}v(z_b)\xi_b E_b \quad (4.7c)$$

4.1.1.2 二维两相流模型

将控制方程式（4.1）进行深度上的积分运算，并化简可得泥石流二维两相流模型的质量和动量守恒方程：

$$\frac{\partial(C_f\overline{\rho}_f h)}{\partial t}+\frac{\partial(C_f\overline{\rho}_f h\overline{u}_f)}{\partial x}+\frac{\partial(C_f\overline{\rho}_f h\overline{v}_f)}{\partial y}=C_f\overline{\rho}_f\xi_b E_b+m_{yf} \quad (4.8a)$$

$$\frac{\partial(C_s\overline{\rho}_s h)}{\partial t}+\frac{\partial(C_s\overline{\rho}_s h\overline{u}_s)}{\partial x}+\frac{\partial(C_s\overline{\rho}_s h\overline{v}_s)}{\partial y}=C_s\overline{\rho}_s\xi_b E_b+m_{ys} \quad (4.8b)$$

$$\frac{\partial(C_f\overline{\rho}_f \overline{u}_f h)}{\partial t}+\frac{\partial(\beta_{uu}C_f\overline{\rho}_f h\overline{u}_f^2)}{\partial x}+\frac{\partial(\beta_{uv}C_f\overline{\rho}_f h\overline{u}_f\overline{v}_f)}{\partial y}=C_f\overline{\rho}_f hg_x-$$
$$\int_{z_b}^{z_s}\left[\frac{\partial(\sigma_{f(xx)})}{\partial x}+\frac{\partial(\tau_{f(yx)})}{\partial y}+\frac{\partial(\tau_{f(zx)})}{\partial z}\right]\mathrm{d}z+\int_{z_b}^{z_s}I_{f(x)}\mathrm{d}z+C_f\overline{\rho}_f u_f(z_b)\xi_b E_b$$
$$(4.8c)$$

$$\frac{\partial(C_s\overline{\rho}_s \overline{u}_s h)}{\partial t}+\frac{\partial(\beta_{uu}C_s\overline{\rho}_s h\overline{u}_s^2)}{\partial x}+\frac{\partial(\beta_{uv}C_s\overline{\rho}_s h\overline{u}_s\overline{v}_s)}{\partial y}=C_s\overline{\rho}_s hg_x-$$
$$\int_{z_b}^{z_s}\left[\frac{\partial(\sigma_{s(xx)})}{\partial x}+\frac{\partial(\tau_{s(yx)})}{\partial y}+\frac{\partial(\tau_{s(zx)})}{\partial z}\right]\mathrm{d}z+\int_{z_b}^{z_s}I_{s(x)}\mathrm{d}z+C_s\overline{\rho}_s u_s(z_b)\xi_b E_b$$
$$(4.8d)$$

$$\frac{\partial(C_f\overline{\rho}_f \overline{v}_f h)}{\partial t}+\frac{\partial(\beta_{vu}C_f\overline{\rho}_f h\overline{v}_f\overline{u}_f)}{\partial x}+\frac{\partial(\beta_{uv}C_f\overline{\rho}_f h\overline{v}_f^2)}{\partial y}=C_f\overline{\rho}_f hg_y-$$
$$\int_{z_b}^{z_s}\left[\frac{\partial(\tau_{f(xy)})}{\partial x}+\frac{\partial(\sigma_{f(yy)})}{\partial y}+\frac{\partial(\tau_{f(zy)})}{\partial z}\right]\mathrm{d}z+\int_{z_b}^{z_s}I_{f(y)}\mathrm{d}z+C_f\overline{\rho}_f v_f(z_b)\xi_b E_b$$
$$(4.8e)$$

$$\frac{\partial(C_s\overline{\rho}_s \overline{v}_s h)}{\partial t}+\frac{\partial(\beta_{vu}C_s\overline{\rho}_s h\overline{v}_s\overline{u}_s)}{\partial x}+\frac{\partial(\beta_{uv}C_s\overline{\rho}_s h\overline{v}_s^2)}{\partial y}=C_s\overline{\rho}_s hg_y-$$
$$\int_{z_b}^{z_s}\left[\frac{\partial(\tau_{s(xy)})}{\partial x}+\frac{\partial(\sigma_{s(yy)})}{\partial y}+\frac{\partial(\tau_{s(zy)})}{\partial z}\right]\mathrm{d}z+\int_{z_b}^{z_s}I_{s(y)}\mathrm{d}z+C_s\overline{\rho}_s v_s(z_b)\xi_b E_b$$
$$(4.8f)$$

上述混合体模型和两相流模型均可用于分析沟道型泥石流的演进过程，在求解时需要对控制方程右端应力项进行模化；在应用两相流模型时，还需确定泥石流液相和固相的分界粒径，以及两相之间的相互作用等。泥石流不同于其他流体，演进过程中常常存在强烈的侵蚀和淤积，且具有鲜明的三维特征，然而采用深度平均理论处理后的控制方法会忽略一些演进过程中的垂向特征，以下将对这些问题分别讨论。

4.1.2 分界粒径

确定液相和固相分界粒径是采用两相流理论分析非均质泥石流物理力学性质的基础问题之一。分界粒径是指液相浆体所含颗粒的上限粒径，且浆体中颗粒均呈悬移运动。泥石流实测资料分析结果表明[5]，液相浆体以 $d<0.05\mathrm{mm}$ 的颗粒为主体，但由于受容重、黏度、速度等因素的影响，在泥石流演进过程中分界粒径并非固定不变。根据不同粒径颗粒的物理力学性质和运动特征（见表 4-1），以及浆体中所含颗粒主要处于悬移状态且不发生分选的特点，可以认为泥石流的固液两相分界粒径应在某个范围内发生变化，且其最大变化值与泥石流的颗粒组成及运动特征有关。

表 4-1　不同粒径颗粒的物理力学性质和运动特征

类别	粒径范围/mm	物理力学性质和运动特征	文献
细粒	<0.075	细颗粒之间受黏着力和薄膜水附加下压力的作用；细颗粒往往以成团形式起动；细颗粒与含有离子的水发生絮凝作用，可产生屈服强度；细颗粒以紊动扩散形式发生悬移	费祥俊等[5] 沈寿长等[6] 韩其为[7]
粗粒	0.075～60	粗颗粒之间碰撞形成离散力；颗粒接触摩擦也可产生屈服应力；粗颗粒以消耗液相势能发生推移或层移运动；容重大的黏性泥石流可使部分粗颗粒由推移运动转为悬移运动	Bagnold[8] 费祥俊等[5] 沈寿长等[6]
巨粒	>60	泥石流中大颗粒多集中在龙头部位，主要受自身重力、浆体浮力和粗颗粒碰撞产生的离散作用；随着浆体中大颗粒比例上升，颗粒物质多集中于泥石流上部或表层运动	Takahashi[9] 曾超等[10]

通过分析泥石流颗粒组成的实测资料、试验数据以及液相浆体组成的机理，归纳出具有代表性的泥石流分界粒径的确定方法，见表 4-2。由于这些方法都是在某些假定条件下提出的，因此它们有各自的鲜明特点和适用范围。比如，基于最小能耗原理的方法较适用于确定层流状态下黏性泥石流的分界粒径，但不足之处在于其未能反映出流速变化对分界粒径的影响；基于浆体组成机理的方法是建立在伪一相宾汉体假设条件之上，它并不能完整地刻画出浆体的组成随着泥石流运动的变化而变化的特征。

表 4-2　划分泥石流分界粒径的代表性方法

类别	划分依据	方法说明	文献
经验法	人为认定	分界粒径 $d_0=1\mathrm{mm}$ 或 $2\mathrm{mm}$ 等效浆体上限粒径 $d_0=20\mathrm{mm}$	费祥俊等[11] 陈洪凯等[12]
	实践经验	将泥石流沟边壁、岩壁的固体黏结物的最大粒径作为上限粒径	陈宁生等[13]

续表

类别	划分依据	方法说明	文献
试验法	颗粒对浆体浮力是否有贡献	假定对分界粒径 d_0 有浮力贡献的浆体容重由不超过 $d_0/50$ 的颗粒组成	钱宁等[14]
	含沙量保持不变的最大粒径	对于黏性泥石流，存在一个粒径 d_0，$d<d_0$ 的任何一级粒径的含沙量不随泥石流容重变化，泥石流容重的增大是由于固相中粗颗粒的增多	费祥俊等[5]
理论法	浆体组成机理	稀性泥石流采用紊动扩散理论分析；黏性泥石流根据浆体屈服应力所能支撑的最大粒径确定	沈寿长等[6] 倪晋仁等[15]
	最小能耗原理	以泥石流固相和液相的能坡损失之和表达泥石流运动能量耗损总值，并基于最小能耗原理确定泥石流的分界粒径	舒安平等[16]

根据表 2-1 中不同类型泥石流固相和液相的应力特征，可以讨论不同输沙模式下两相分界粒径的确定方法。对于泥流，可将其直接视为一般情况下的液相浆体流动，即分界粒径就是泥流中所含细颗粒的最大粒径；对于饱和水石流，可将液相直接视为水或以 0.05 mm 作为两相的分界粒径；对于一般泥石流中的两相层流输沙，可采用最小能耗原理确定分界粒径；对于泥石流中的两相紊流输沙，其与一般挟沙水流输沙有相似之处，颗粒悬浮以紊动支持，但由于受液相浆体、固相颗粒等作用影响，通过适当修正可采用非均匀悬移质输沙理论中的挟沙力概念讨论分界粒径的确定方法。

在两相紊流输沙模式下，泥石流液相浆体中的细颗粒均依赖紊动呈悬移运动状态，该部分颗粒属于悬移质，同时，剩余的颗粒中也有可悬移部分，当达到特定条件能使其转入悬移运动时，也应归为悬移质，即成为液相浆体的组成部分。该特定条件与水流挟沙能力直接相关，从粗细颗粒交换的角度看，挟沙能力级配[17] 不仅取决于液相浆体中的颗粒级配，还与固相中可悬浮颗粒级配有关。因此，通过利用平衡条件下水流挟沙能力级配与沿程掺入泥石流浆体颗粒级配的关系，以及颗粒沉速与粒径的函数关系，可以建立泥石流两相紊流输沙模式下分界粒径的确定方法。

设泥石流体中的固体颗粒共有 N 组粒径，可悬移部分有 $n<N$ 组，即 $d_l>d_n$ 粒径组属于不能悬浮的颗粒；$d_l \leqslant d_k$ 属于不发生交换的浆体悬移质粒径组（从累计效果看不会淤下）；$d_{k+1} \leqslant d_l \leqslant d_n$ 属于可发生交换的悬移质粒径组，d_n 为最大悬浮颗粒的粒径。其中，$d_l \leqslant d_n$ 的颗粒级配对于挟沙能力均产生贡献，且 d_k 即为分界粒径 d_0。现假定

$$d_k = f^{-1}(\omega_1^*) \tag{4.9}$$

式中：f^{-1} 为 $\omega = f(d)$ 的反函数；ω_1^* 为由泥石流体中 $d_1, d_2, d_3, \cdots, d_n$ 粒径组（可悬部分）颗粒级配计算的挟沙能力的平均沉速。

在平衡条件下，挟沙能力级配与可掺入泥石流浆体的颗粒级配满足如下关系式：

$$S^*(\omega_1^*) = \sum_{l=1}^{n} P_{1,l,1,1} S^*(l) \tag{4.10}$$

式中：$S^*(\omega_1^*)$ 为 $d_1, d_2, d_3, \cdots, d_n$ 粒径组（可悬部分）颗粒混合体的总挟沙能力；$S^*(l)$ 为 d_l 粒径的均匀颗粒的挟沙能力；$P_{1,l,1,1}$ 为剔除 $d_l > d_n$ 粒径后的可悬浮颗粒中 d_l 组的重量百分数，其计算式为

$$P_{1,l,1,1} = \frac{P_{1,l,1}}{\sum_{l=1}^{n} P_{1,l,1}} \quad (1 \leqslant l \leqslant n < N) \tag{4.11}$$

式中：$P_{1,l,1}$ 为泥石流体中 d_l 组颗粒的重量百分数。

根据非均匀沙输沙理论[18]，基于悬移质、推移质及全沙服从的统一挟沙能力规律，对容重和沉速作相应修正，得到泥石流两相紊流挟沙力的表达形式为

$$\frac{S_R^*}{K_R} = k \left(\frac{\gamma_m}{\gamma_s - \gamma_m} \right)^m \left(\frac{u^3}{gh\omega_R} \right)^m \tag{4.12}$$

式中：下标 R 可表示悬移质、推移质、全沙或某一粒径组 d_l；k、m 为修正系数；K_R 为水量百分数[19]，其表示按照均匀沙挟沙能力的标准，挟带每组 d_l 的水量与相应的总水量之比，在平衡条件下，其满足下式：

$$K_l = P_{1,l,1} \tag{4.13}$$

当两相分界粒径确定之后，泥石流液相浆体的密度为

$$\rho_f = \rho_w + \frac{C_s(1-X)}{1-XC_s}(\rho_s - \rho_w) \tag{4.14}$$

式中：X 为大于分界粒径的颗粒占泥石流体中全部颗粒的重量百分数。

根据上述方法，在计算分界粒径时，需要明确以下几点：①获取泥石流体的颗粒级配，从而得到各组粒径的重量百分比；②根据表 4-1 中不同粒径颗粒的物理力学性质和运动特征，结合相关经验确定试算范围；③给出 u、h 的值，参考张瑞瑾方法[20] 或实际观测数据拟合确定系数 k、m；④给定 $\omega = f(d)$ 的函数关系式，可采用式（3.8）。

以蒋家沟泥石流的实测资料[5] 为例，验证上述泥石流两相分界粒径的确定方法。已知 $\rho=1.70\text{t}/\text{m}^3$，$C_s=0.41$，$h=0.5\text{m}$，$u=3.48\text{m/s}$，根据表 2-1 判定该泥石流过程属于两相紊流输沙模式。结合费祥俊等的研究成果[5]，该泥石流的两相分界粒径应小于 2.00mm，假定一系列的分界粒径 d_0 数值，由颗粒级配曲线图 4-3 可查出 $d > d_0$ 颗粒的累积重量百分数 X，以及各粒径组的重量百分数 $P_{1,l,1}$，并用上述对应公式可依次计算 C_{vf}，ρ_f，ω，$S^*(l)$，其

计算结果见表 4-3。

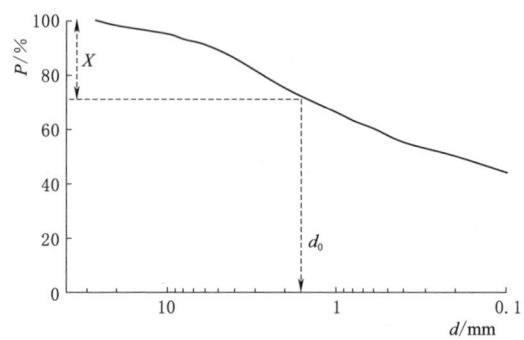

图 4-3 颗粒级配曲线

表 4-3　　　　　　　　泥石流分界粒径的算例

d_0/mm	X	C_{vf}	ρ_f/(g/cm³)	ω/(cm/s)	$S^*(l)$/(kg/m³)
0.1	0.56	0.23	1.39	0.21	26.75
0.2	0.50	0.26	1.43	0.53	4.08
0.4	0.45	0.28	1.46	1.39	3.14
0.6	0.40	0.29	1.49	2.31	2.78
0.8	0.37	0.30	1.50	3.37	1.18
1.0	0.34	0.31	1.52	4.19	1.01
1.2	0.32	0.32	1.53	5.18	0.53
1.4	0.31	0.32	1.53	6.30	0.25
1.6	0.30	0.33	1.54	7.43	0.27
1.8	0.28	0.33	1.55	8.39	0.46
2.0	0.25	0.34	1.57	9.11	0.82

根据表 4-3 的计算结果，首先采用等式 (4.10) 右端表达式计算总挟沙能力值，再由式 (4.12) 计算总挟沙力对应的颗粒沉速值，最终由式 (3.8) 求反函数即可确定泥石流固液两相的分界粒径为 1.61mm，这与实测资料分析结论[5] 相吻合。需要指出的是，本方法适用于泥石流的两相紊流输沙情形，且其同时考虑了泥石流容重、黏度及流速等对固液两相分界粒径的影响，比较切合实际。

4.1.3　应力模化

为了求解上述泥石流演进的混合体模型和两相流模型，需要对控制方程式 (4.7) 和式 (4.8) 的右端应力项进行模化。根据两相流观点，泥石流运动过程受固相颗粒之间的摩擦力、碰撞力，液相浆体的压力、屈服力、黏滞力、紊动力，以及两相之间的相互作用力等多种力共同影响。这些应力与各相的浓度及其梯度、速度及其梯度以及各相的物理力学性质等有关，因此，在应力模化过程中常将其划分为非切变速率依赖项和切变速率依赖项的两部分。目前，关于前者的研究还不够充分，主要反映在各种模化表达式中参数变化较大，且该部分应力对参数变化敏感；而针对后者的研究相对较成熟。

4.1.3.1 固相应力

针对二维两相流模型中固相动量方程的右端应力项，采用 Leibniz 准则运算可得：

$$\int_{z_b}^{z_s} \left[\frac{\partial(\sigma_{s(xx)})}{\partial x} + \frac{\partial(\tau_{s(yx)})}{\partial y} + \frac{\partial(\tau_{s(zx)})}{\partial z} \right] dz$$
$$= \frac{\partial(h\bar{\sigma}_{s(xx)})}{\partial x} + \frac{\partial(h\bar{\tau}_{s(yx)})}{\partial y} + (\sigma_{s(xx)})_{z_b} \frac{\partial z_b}{\partial x} + (\tau_{s(yx)})_{z_b} \frac{\partial z_b}{\partial y} - (\tau_{s(zx)})_{z_b}$$

(4.15a)

$$\int_{z_b}^{z_s} \left[\frac{\partial(\tau_{s(xy)})}{\partial x} + \frac{\partial(\sigma_{s(yy)})}{\partial y} + \frac{\partial(\tau_{s(zy)})}{\partial z} \right] dz$$
$$= \frac{\partial(h\bar{\tau}_{s(xy)})}{\partial x} + \frac{\partial(h\bar{\sigma}_{s(yy)})}{\partial y} + (\tau_{s(xy)})_{z_b} \frac{\partial z_b}{\partial x} + (\sigma_{s(yy)})_{z_b} \frac{\partial z_b}{\partial y} - (\tau_{s(zy)})_{z_b}$$

(4.15b)

根据 Savage 和 Hutter[21] 对颗粒流以及 Iverson[22] 对泥石流的描述，假定泥石流固相侧向正应力随深度线性增加，则引入土力学理论中的侧向应力系数概念：

$$\sigma_{s(xx)} = k_{ap(x)} \sigma_{s(zz)}, \sigma_{s(yy)} = k_{ap(y)} \sigma_{s(zz)} \quad (4.16)$$

式中：k_{ap} 为侧向应力系数，其依赖于固相的运动状态，一般地 x 和 y 方向可能出现不同状态的情况[23]。在复杂地形条件下可假定两个方向状态相同，此处取为[21]

$$k_{ap} = k_{ap(x)} = k_{ap(y)} = 2 \left[\frac{1 \mp \sqrt{1-(1+\tan^2\varphi_b)\cos^2\varphi}}{\cos^2\varphi} \right] - 1 \quad (4.17)$$

式中："—"和"+"分别表示固相颗粒运动趋于扩散和聚集。

基于介质中某点应力状态分布规律和莫尔-库仑破坏准则，侧向切应力[24] 为

$$\tau_{s(xy)} = \tau_{s(yx)} = -\text{sgn}(\partial \bar{u}_s / \partial y) \sigma_{s(xx)} \sin\varphi \quad (4.18)$$

式中：sgn 为符号函数。需要指出，已有研究[21-23] 表明泥石流运动中侧向切应力一般较小，且比底面切应力小很多，故可认为剪切主要发生在 xz 平面，τ_{xy} 和 τ_{yx} 均可忽略。

根据泥石流的动力特征和表 2-1 的细化分类，泥石流演进过程中固相颗粒之间主要发生摩擦和碰撞作用，其中，摩擦切应力可采用库仑准则表示，碰撞应力可采用 Bagnold[8] 建议的惯性作用区的关系式来反映，但由于该式是建立在两相速度相等的假定条件下，而实际中，颗粒间的碰撞主要取决于固相流速的变化，因此切变速率也应指固相颗粒运动的切变速率，其表达式采用 Takahashi[9] 提出的统一式，则底面切应力

$$\tau_{s(zx)} = \frac{\overline{u}_s}{\sqrt{\overline{u}_s^2 + \overline{v}_s^2}} \left[-\operatorname{sgn}(\overline{u}_s)(\rho_s - \rho_f)(h-z)g_z \tan\varphi + f_c \rho_s d^2 \left(\frac{\mathrm{d}u_s}{\mathrm{d}z}\right)^2 \tan\varphi \right]$$

(4.19a)

$$\tau_{s(zy)} = \frac{\overline{v}_s}{\sqrt{\overline{u}_s^2 + \overline{v}_s^2}} \left[-\operatorname{sgn}(\overline{v}_s)(\rho_s - \rho_f)(h-z)g_z \tan\varphi + f_c \rho_s d^2 \left(\frac{\mathrm{d}v_s}{\mathrm{d}z}\right)^2 \tan\varphi \right]$$

(4.19b)

式中：f_c 为与固相体积浓度有关的系数，可由试验或经验关系而得。

4.1.3.2 液相应力

针对二维两相流模型中液相动量方程的右端应力项，基于 N-S 方程的表达形式分解为压力项和黏滞项[24]，并采用 Leibniz 准则运算可得：

$$\int_{z_b}^{z_s} \left[\frac{\partial (\sigma_{f(xx)})}{\partial x} + \frac{\partial (\tau_{f(yx)})}{\partial y} + \frac{\partial (\tau_{f(zx)})}{\partial z} \right] \mathrm{d}z$$

$$= \frac{\partial}{\partial x} \left(\frac{1}{2} C_f \rho_f g_z h^2 \right) - C_f \mu_f h \left(\frac{\partial^2 \overline{u}_f}{\partial x^2} + \frac{\partial^2 \overline{u}_f}{\partial y^2} \right) + 3 C_f \mu_f \frac{\overline{u}_f}{h}$$

(4.20a)

$$\int_{z_b}^{z_s} \left[\frac{\partial (\tau_{f(xy)})}{\partial x} + \frac{\partial (\sigma_{f(yy)})}{\partial y} + \frac{\partial (\tau_{f(zy)})}{\partial z} \right] \mathrm{d}z$$

$$= \frac{\partial}{\partial y} \left(\frac{1}{2} C_f \rho_f g_z h^2 \right) - C_f \mu_f h \left(\frac{\partial^2 \overline{v}_f}{\partial x^2} + \frac{\partial^2 \overline{v}_f}{\partial y^2} \right) + 3 C_f \mu_f \frac{\overline{v}_f}{h}$$

(4.20b)

式中液相黏滞系数可结合试验或计算式确定，代表性的估算公式见表 4-4。

表 4-4　　代表性的液相黏滞系数确定方法

序号	公式形式	适用条件及相关说明	文献
1	$\mu_f = \mu_w (1 + 2.5 C_s)$	流体中含沙浓度很低，颗粒间距较大，忽略泥沙颗粒间的相互作用	费祥俊等[11]
2	$\mu_f = \mu_w (1 + 2.5 C_s + 1.4 C_s^2)$	以含沙量的多项式扩展到适合较高含沙浓度情形；含沙量越大，所取项数越多	钱宁[25]
3	$\mu_f = 2.25 \lambda^{1.5} \mu_w$	根据实验结果，当流体处于黏性流区，颗粒的存在将对黏滞系数产生影响；采用线性浓度 λ 进行修正	Bagnold[8]

续表

序号	公式形式	适用条件及相关说明	文献
4	$\mu_f = \left(1 - k\dfrac{C_{sf}}{C_{sm}}\right)^{-2.5}\left(1 - \dfrac{C_{sc}}{C_{sm}'}\right)^{-2}\mu_w$	将泥石流视为两相流，k 为对固相浓度进行修正的系数，其值大于 1；C_{sf} 为液相中固体浓度，C_{sc} 为加入固体粗颗粒的浓度	费祥俊等[11]

4.1.3.3 相间作用力

采用两相流模型描述泥石流演进过程中固相和液相界面的动量传递时，还需要合理地模化相间作用力。根据 Pudasaini 的观点[4]，将泥石流中两相之间的相互作用分解为黏性拖曳和相间相对运动两部分，其表达式为

$$\boldsymbol{I}_s = \boldsymbol{I}_1 + \boldsymbol{I}_2 = C_{DG}(\boldsymbol{u}_f - \boldsymbol{u}_s)|\boldsymbol{u}_f - \boldsymbol{u}_s|^{\zeta-1} + C_{VMG}\frac{\mathrm{d}}{\mathrm{d}t}(\boldsymbol{u}_f - \boldsymbol{u}_s) \quad (4.21\mathrm{a})$$

式中：$\boldsymbol{I}_1$、$\boldsymbol{I}_2$ 分别反映黏性拖曳作用和相间的相对运动；C_{DG}、C_{VMG} 分别为拖曳系数和广义附加质量系数；$\zeta=1$ 或 2 分别表示层流或紊流状态。需要指出，由于泥石流已形成，此处的拖曳系数与描述泥石流起动阶段的式（3.3）中的推力系数有别，为了考虑液相浆体性质对颗粒拖曳作用的影响，采用下式[4] 计算系数：

$$C_{DG} = \frac{C_s C_f (\rho_s - \rho_f)g}{\{\omega[P_{DG}f(Re_p) + (1-P_{DG})g(Re_p)]\}^\zeta},\quad C_{VMG} = \frac{1}{2}C_s\rho_f\frac{1+2C_s}{C_f}$$

$$(4.21\mathrm{b})$$

式中：$P_{DG}\in[0,1]$ 为衡量两相对拖曳作用贡献的比例系数；$f(Re_p) = (C_f/C_s)^3\rho_f Re_p/(180\rho_s)$ 为液相流体通过固相颗粒骨架的过程；$g(Re_p) = C_f^{m-1}$ 表示固相颗粒通过液相流体的过程，其中，指数 m 弱依赖于 Re_p，取值范围为 $4.65\sim 2.4$[26]。

还需要说明的是，上述基于多层多相介质框架建立的泥石流演进模型综合考虑了泥石流运动中各相浓度、固相颗粒的摩擦和碰撞作用、液相浆体的压力、黏滞力和紊动力，以及两相之间的拖曳作用和相对运动等。本书模型具有较高概括性，与现有代表性泥石流演进模型的对比情况，如表 4-5 所示。

表 4-5　　　　代表性的泥石流演进模型对比情况

对比项	模型				
	倪晋仁和王光谦[15]，1998	Iverson 和 Denlinger[24]，2001	Pitman 和 Le[26]，2005	Pudasaini[4]，2012	本书模型
分界粒径	√	×	×	×	√
浓度变化	×	×	√	√	√

续表

对比项	模型				
	倪晋仁和王光谦[15],1998	Iverson 和 Denlinger[24],2001	Pitman 和 Le[26],2005	Pudasaini[4],2012	本书模型
颗粒摩擦	√	√	√	√	√
颗粒碰撞	√	×	×	×	√
浆体压力	√	√	√	√	√
黏滞力	√	√	√	√	√
紊动力	√	√	√	√	√
黏性拖曳	√	×	√	√	√
附加质量	×	×	×	√	√
沟道侵蚀	×	×	×	×	√

注 "√"表示模型中考虑,"×"表示模型未考虑。

4.2 泥石流的侵蚀过程

为了封闭上述泥石流演进的混合体模型和两相流模型,还需给出泥石流侵蚀过程的定量表达式。根据表1-5中现有泥石流侵蚀公式的特点,可将其分为经验性、基于输沙力概念以及基于切应力平衡等三类。泥石流的侵蚀过程是其演进的前提和根本,通过不断地侵蚀和挟带,使泥石流的搬运和堆积能力增强[27-28]。在不同侵蚀模式中,垂向的沟床侵蚀是泥石流塑造沟道的主要方式,侧向的边岸侵蚀是泥石流固相物质补给的重要来源。以下将介绍基于输沙力概念和基于切应力平衡的泥石流沟床侵蚀和边岸侵蚀的计算方法,并在下节的特征分析和第5章的泥石流数值模拟中做进一步阐述。

4.2.1 输沙力法

采用输沙力法描述泥石流的沟道侵蚀,将其过程概化如图4-4所示。在泥石流的输沙作用下,流向的输沙力直接影响沟床侵蚀程度;边岸侵蚀则可通过壁面输沙作用进行描述,基于泥沙质量守恒可建立横向宽度变化与边岸输沙之间的关系。

在沟道型泥石流的演进过程中,沿流动方向泥沙输移引起的沟床变化可采用Exner方程[29]描述,得到沟床高程随时间的冲淤变化为

$$(1-n_e)b\frac{\partial z_b}{\partial t}+b\frac{\partial q_t}{\partial x}=q_{sy} \qquad (4.22)$$

式中:q_t 为沟道的单宽输沙率;q_{sy} 为由于边岸侵蚀产生的沟床泥沙淤积。计

算两者的封闭关系要用到泥沙输移公式和边岸侵蚀公式，以下将分别加以介绍。

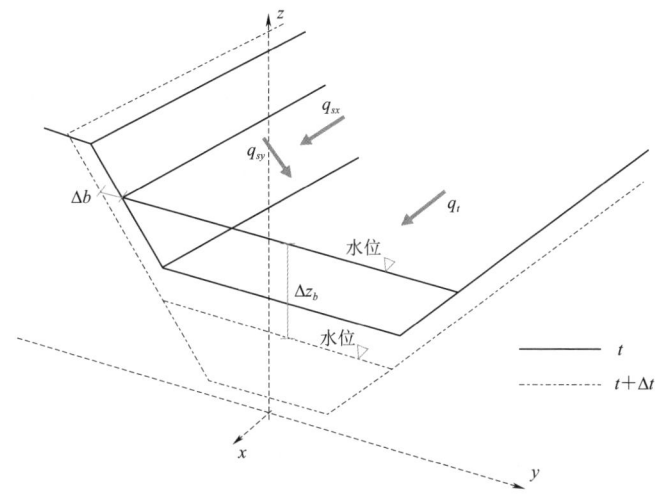

图 4-4 以输沙力法描述泥石流侵蚀的示意图

根据第 2 章中泥石流动力特征的分析成果，泥石流输沙过程具有强烈的不平衡性，其输沙力远大于一般挟沙水流，属于高剪切应力下的输沙现象。因此，描述泥石流的泥沙输移时可考虑溃坝水流条件下的输沙公式，沟道单宽输沙率采用式（4.23）[30] 计算：

$$\frac{\partial q_t}{\partial x} = \frac{q_t^{cap} - q_t}{L_t} \tag{4.23}$$

式中：q_t^{cap} 为泥石流的输沙力，根据对溃坝水流输沙力公式适用性的讨论结果，此处选用修正后的 Meyer-Peter 和 Müller 公式；L_t 为泥沙饱和恢复长度，取推移质和悬移质两者中的最大值[31]。两者的表达式分别为

$$\frac{q_t^{cap}}{\sqrt{g_x(\rho_s/\rho_f-1)d^3}} = 12(\tau_* - \tau_{*c})^{1.5} \tag{4.24}$$

$$L_t = \max\left(L_b, \frac{uh}{\alpha_0 \omega}\right) \tag{4.25}$$

式中：无量纲切应力 $\tau_* = \rho_f h J / [(\rho_s - \rho_f)d]$，临界切应力 τ_{*c} 可根据表 2-2 中试验成果确定，河流中一般取 0.045，此处泥石流暂取为 0.145；L_b 为推移质不平衡输移长度，根据试验分析[30] 可取 0.25m；α_0 为悬移质系数，可取 2。

Cantelli 等[32] 基于泥沙质量守恒原理建立了边岸侵蚀公式，认为边岸发展主要因推移质运动引起，将边岸侵蚀视为一个连续过程，并假定边岸和沟床

上的流体切应力之比为常数 α_1，其与边岸坡度、沟道流体宽深比有关，取值范围为 $0.4\sim0.8$。沟道边岸沿水流方向的推移质输沙率 q_{sx} 仍可利用式 (4.23) 求得。将泥沙守恒方程在沟道全断面上积分，则可求得沟道底部宽度随时间的变化方程为

$$\frac{\partial b}{\partial t}=\frac{1}{J_s}\frac{\partial z_b}{\partial t}+\frac{1}{(1-n_e)(z_{ss}-z_b)}\left(\frac{1}{J_s}\frac{\partial hq_{sx}}{\partial x}+q_{sx}\frac{\partial b}{\partial x}+2q_{sy}\right) \quad (4.26)$$

$$q_{sy}=q_{sx}\alpha_2 J_s\sqrt{\frac{\tau_{*c}}{\alpha_1\tau_*}} \quad (4.27)$$

式中：系数 α_2 可取 2.65。

4.2.2 切应力法

采用切应力法描述泥石流的沟道侵蚀，将其过程概化如图 4-5 所示。在泥石流的流动作用下，其底部切应力与沟床物质剪切强度之间的关系将直接影响床面侵蚀程度；边岸侵蚀则可基于岸坡稳定性分析方法进行描述。

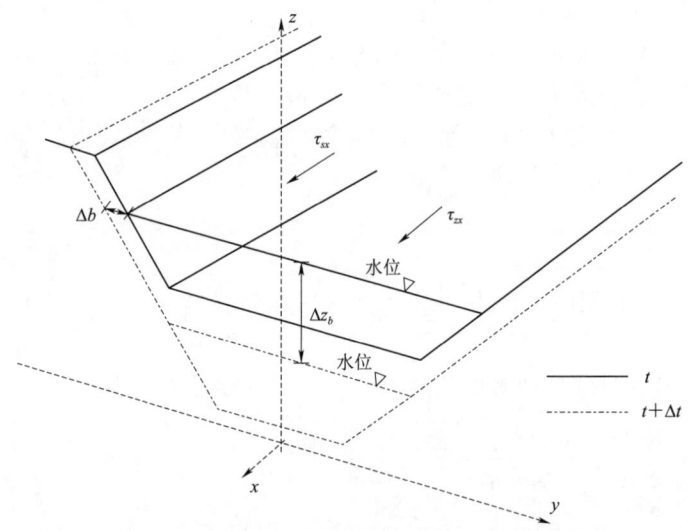

图 4-5 以切应力法描述泥石流侵蚀的示意图

Iverson[1] 基于三层介质模型中各层之间的相互作用关系和动量守恒原理，推导了地表流床面侵蚀的一般式，如表 1-5 中序号 12 所对应公式所示。根据 Johnson 等试验成果[33]，泥石流底速可近似取为平均流速的一半；将上节底部切应力模化的表达式代入一般式，并忽略切变率的二次项和四次项，可得泥石流沟床侵蚀方程为

$$E_b = \frac{(\rho_s - \rho_f)hg_z \tan\varphi - [\bar{\rho}hg_z(1-\lambda_2)\tan\varphi_2 + c]}{\bar{\rho}\sqrt{\bar{u}^2 + \bar{v}^2}/2} \quad (4.28)$$

式中：λ_2 为沟床孔隙压力系数，用于衡量沟床物质组成的液化程度，当床面物质完全饱和时取为 1，当床面干燥时取为 0；根据泥石流试验资料，其取值范围为 0.5~0.8。

在沟道型泥石流的演进过程中，泥石流冲刷和土体重力的共同作用可能引起沟道边岸坍塌，从而导致沟床宽度变化。根据 Osman 和 Thorne[34] 的重力坍塌模型，每个时间步长 Δt 内单侧边岸后退的距离 Δb 可以根据式（4.29）计算：

$$\Delta b = \frac{c_{se}(\tau_{sx} - \tau_c)}{\gamma_s} e^{-1.3\tau_c} \Delta t \quad (4.29)$$

式中：c_{se} 为表征边岸侵蚀速度的参数，需要在计算中进行率定；作用在边岸上的流体切应力和边岸土体的临界切应力[35] 可分别按式（4.30）和式（4.31）计算：

$$\tau_{sx} = \rho_f g_x n^2 u^2 h^{-1/3} \quad (4.30)$$

$$\tau_c = \frac{2}{3}(\rho_s - \rho_f)g_x d_{50} \tan\varphi_s \quad (4.31)$$

需要指出，上述两种计算侵蚀的方法中输沙力法可以按照切应力法推导而得[3]，此处分别提出这两种方法也便于将河流动力学和岩土力学中的研究成果应用到泥石流的理论研究。另外，从物理机制上看，泥石流沟道内的堵塞体溃决是非恒定非均匀的复杂水流流态变化和基于泥沙非恒定输移与边岸侵蚀相互作用的复杂耦合过程。考虑漫顶破坏模式时可分解为溃口的流体冲刷、演进和溃口垂向侵蚀、边岸侵蚀的几何形态发展两个子过程，故堵塞体溃决也可作为侵蚀的极端情形进行描述。

4.3 泥石流的溃决过程

4.3.1 溃决流量过程特征

天然堵塞体溃决形成泥石流的过程大致可以概括为：首先，沟道内堵塞体因上游洪水或稀性泥石流的侵蚀冲刷发生溃决，使得流体快速裹挟固体物质，从而形成溃坝波；其次，溃坝水流在堵塞体溃口下游沟道内进一步裹挟或堆积固体物质，从而使得流体的固体浓度增加或减小，进而改变流体的流变性、流体的动力过程以及沟道的形态。溃决型泥石流的流量过程主要包括溃口的流量过程及溃口下游的流量演进过程，为了便于分析溃决型泥石流的运动特征,将溃决型泥石流的流量过程分为溃口位置和溃口下游位置两部分进行讨论。

根据室内的沟道堵塞体溃决实验[36]以及汶川震区泥石流沟道内天然堵塞体溃决的野外调查发现,震区泥石流沟道内堵塞体主要以漫顶侵蚀的形式破坏,因此,可将溃决口处的断面流量变化过程概化为如图4-6所示的三个阶段。

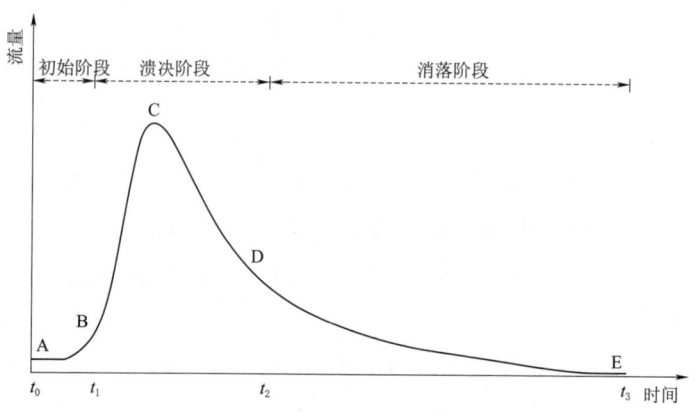

图4-6 溃口流量的过程概化线

(1) 初始阶段(AB段):流域沟道两岸的大型崩塌滑坡堵塞沟道,常形成稳定的堰塞体,每次降水作用,都将导致沟道堵塞体上游不断集聚大量沉积物,同时,堵塞体上游的水位线也不断上升,在上游水体的作用下,沟道堵塞体表面被侵蚀冲刷,且水流不断渗透至堵塞体内部,致使堵塞体的稳定性逐渐减低。此阶段内,由于表面径流作用,使堵塞体所处断面形成了一个较小的稳定流量。该过程中,堵塞体起着类似于坝体的"拦沙蓄水"作用,使堵塞体上游集聚较大势能。

(2) 溃决阶段(BCD段):当降水作用达到一定强度时,堵塞体后蓄水的水位线升至足够使堵塞体溃决,一旦堵塞体溃决,上游集聚的巨大势能将转换成强烈的水流动能,并可快速释放,其溃决过程的时间长短与堵塞体自身的物质组成和渗透性有密切关联。该过程中,堵塞体的溃口快速发展拓宽,流量在较短时间内快速达到峰值,之后便快速降低。

(3) 消落阶段(DE段):随着堵塞体后上游水体的下泄流量经过峰值,溃口断面流量开始消减,此时,水流的侵蚀冲刷能力减弱,堵塞体的溃口宽度变化也随之减缓,直至最终趋于稳定,当上游势能释放完成后,断面的峰值流量最终趋于零。该过程历时的长短与堵塞体的规模和上游集聚的水量及固体物源量密切相关。

根据溃决型泥石流的形成和发展特征,将溃决口下游沟道的断面流量变化过程概化为如图4-7所示的两种类型。

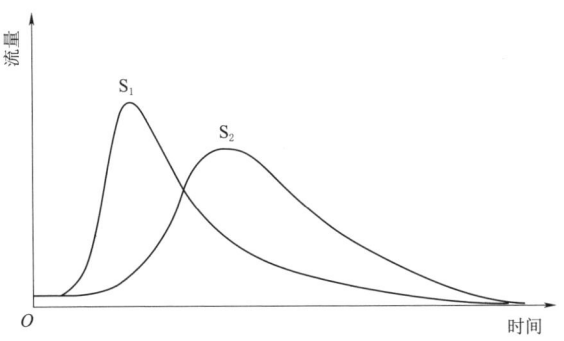

图4-7 溃口下游不同断面的流量过程概化线

S_1型断面:靠近堵塞体溃决口附近的断面流量过程,其特征主要在于处于该类位置的断面流量的形成过程最大程度上受控于溃口流量的变化,而下游沟道的形态以及沟床分布的物源动储量情况等并不起决定性作用,因此,这类断面流量的变化过程较近似于溃口流量的变化过程。

S_2型断面:沟道下游距堵塞体一定距离的断面流量过程,其特征在于断面流量的形成过程主要受控于沟道的形态以及沟道内分布的物源情况。当沟道断面较小时,流体的流速将增大,进而导致沟道内更多的物质被侵蚀起动,使断面流量增大;当沟道断面较宽时,流速减小,进而导致流体中的固体物质发生沉积停淤,使断面流量减小,与此同时,沟道纵向发生弯曲引起的流体速度重分配也将降低断面流速,进而使流量减小。

根据上述对溃决型泥石流流量过程特征的定性描述,可以清晰、简明地讨论溃决型泥石流运动过程中所表现出的基本特征。按照不同位置断面流量过程所表现的不同变化特征,沟道内各断面的峰值流量对应不同的计算方法:沟道堵塞体溃决口上游的断面峰值流量可应用雨洪法进行计算,溃口及其下游的断面峰值流量由于堵塞体溃决的突变影响,较难采用常规的方法做计算分析,因此,下文将基于圣维南方程推导并建立堵塞体溃口及其下游断面的峰值流量计算方法。

4.3.2 溃决流量计算方法

4.3.2.1 公式推导

泥石流沟道内天然堵塞体(主级堵塞体)溃决引发强烈洪水形成的溃决波,是一种浅水中的长波传播现象,通常情况下,由于溃决条件下流体的演进速度较快,该过程中流体运动的主要作用力是重力,其属于重力波范畴,可以运用圣维南方程组进行描述。以下基于一维的圣维南方程（又称浅水波方程）推导堵塞体溃决口及其下游断面流量计算式。

假设沟道内的堵塞体以瞬间全溃的形式破坏，堵塞体所在位置为原点 O，堵塞体附近下游沟道平均坡度为 θ，并忽略摩擦阻力，堵塞体迎水面的水深为 H_0，当堵塞体位于沟道中部，将该值取为堵塞体的高度。建立一维的坐标轴，如图 4-8 所示，则流体运动的控制方程式为

$$\frac{\partial h}{\partial t}+\frac{\partial}{\partial x}(hu)=0 \tag{4.32a}$$

$$\frac{\partial u}{\partial t}+u\frac{\partial u}{\partial x}+g\cos\theta\frac{\partial h}{\partial x}=g\sin\theta \tag{4.32b}$$

式中：x 为 X 轴坐标值，m；t 为时间，s；g 为重力加速度，m/s²；u 为深度平均流速，m/s；h 为距离沟床的垂直流深，m；θ 为堵塞体下游沟道平均坡度，(°)。

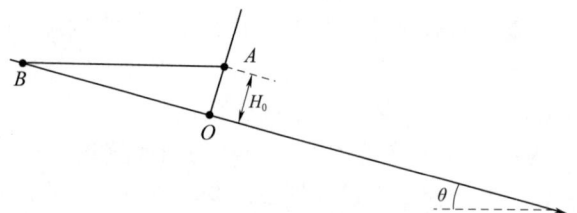

图 4-8 堵塞体溃决的一维计算模型

为了方便求解，将式（4.32）中的参数做如下变换[37]：

$$\hat{x}=\frac{x}{H_0},\hat{t}=\sqrt{\frac{g\cos\theta}{H_0}}t,\hat{h}=\frac{h}{H_0},\hat{u}=\frac{u}{\sqrt{gH_0\cos\theta}} \tag{4.33}$$

变换后可得无量纲方程组：

$$\frac{\partial \hat{h}}{\partial \hat{t}}+\hat{u}\frac{\partial \hat{h}}{\partial \hat{x}}+\hat{h}\frac{\partial \hat{u}}{\partial \hat{x}}=0 \tag{4.34a}$$

$$\frac{\partial \hat{u}}{\partial \hat{t}}+\hat{u}\frac{\partial \hat{u}}{\partial \hat{x}}+\frac{\partial \hat{h}}{\partial \hat{x}}=\tan\theta \tag{4.34b}$$

将式（4.34）中的参数做如下变换[37]：

$$\xi=\hat{x}-\frac{\tan\theta}{2}\hat{t}^2,\tilde{t}=\hat{t},\tilde{h}=\hat{h},v=\hat{u}-\hat{t}\tan\theta \tag{4.35}$$

即有

$$\frac{\partial}{\partial \hat{x}}=\frac{\partial}{\partial \xi}\frac{\partial \xi}{\partial \hat{x}}+\frac{\partial}{\partial \tilde{t}}\frac{\partial \hat{t}}{\partial \hat{x}}=\frac{\partial}{\partial \xi} \quad \frac{\partial}{\partial \hat{t}}=\frac{\partial}{\partial \xi}\frac{\partial \xi}{\partial \hat{t}}+\frac{\partial}{\partial \tilde{t}}\frac{\partial \hat{t}}{\partial \hat{t}}=-\hat{t}\tan\theta\frac{\partial}{\partial \xi}+\frac{\partial}{\partial \tilde{t}}$$

变换后得到齐次方程组：

$$\frac{\partial \hat{h}}{\partial \hat{t}} + v\frac{\partial \hat{h}}{\partial \xi} + \hat{h}\frac{\partial v}{\partial \xi} = 0 \quad (4.36a)$$

$$\frac{\partial v}{\partial \hat{t}} + v\frac{\partial v}{\partial \xi} + \frac{\partial \hat{h}}{\partial \xi} = 0 \quad (4.36b)$$

为了求解方程组（4.36），引入下列变量：

$$s = \frac{\xi}{\hat{t}}, \hat{h} = z\left(\frac{\xi}{\hat{t}}\right), v = v\left(\frac{\xi}{\hat{t}}\right) \quad (4.37)$$

则有：

$$\frac{\partial v}{\partial \xi} = \frac{dv}{ds} \cdot \frac{\partial s}{\partial \xi} = \frac{dv}{ds} \cdot \frac{1}{\hat{t}}$$

$$\frac{\partial \hat{h}}{\partial \xi} = \frac{d\hat{h}}{ds} \cdot \frac{\partial s}{\partial \xi} = \frac{d\hat{h}}{ds} \cdot \frac{1}{\hat{t}} = \frac{dz}{ds} \cdot \frac{1}{\hat{t}}$$

$$\frac{\partial v}{\partial \hat{t}} = \frac{dv}{ds} \cdot \frac{\partial s}{\partial \hat{t}} = -\frac{dv}{ds} \cdot \frac{\xi}{\hat{t}^2} = -\frac{dv}{ds} \cdot \frac{s}{\hat{t}}$$

$$\frac{\partial \hat{h}}{\partial \hat{t}} = \frac{d\hat{h}}{ds} \cdot \frac{\partial s}{\partial \hat{t}} = -\frac{d\hat{h}}{ds} \cdot \frac{\xi}{\hat{t}^2} = -\frac{dz}{ds} \cdot \frac{s}{\hat{t}} \quad (4.38)$$

将式（4.38）代入方程组（4.36）可得：

$$z\frac{dv}{ds} + (v-s)\frac{dz}{ds} = 0 \quad (4.39a)$$

$$\frac{dz}{ds} + (v-s)\frac{dv}{ds} = 0 \quad (4.39b)$$

通过上述 3 次变量代换，将原偏微分方程组（4.32）变换成齐次常微分方程组（4.39），由式（4.39a）得：

$$\frac{dv}{ds} = -\frac{(v-s)}{z}\frac{dz}{ds} \quad (4.40)$$

将式（4.40）代入式（4.39b）得：

$$\frac{dz}{ds} - \frac{(v-s)^2}{z}\frac{dz}{ds} = 0 \quad (4.41)$$

因为 $\frac{dz}{ds} \neq 0$

所以 $z = (v-s)^2$

$$\frac{dz}{ds} = 2(v-s) \cdot \left(\frac{dv}{ds} - 1\right) \quad (4.42)$$

将式 (4.42) 代入式 (4.39a) 得：

$$v = \frac{2}{3}s + c \tag{4.43}$$

其中，c 为常数

将式 (4.43) 代入式 (4.42) 得：

$$z = \left(c - \frac{1}{3}s\right)^2 \tag{4.44}$$

将式 (4.43) 和式 (4.44) 经过式 (4.37)、式 (4.35) 和式 (4.33) 逆代换至原变量：

$$u = \frac{2}{3}\left(\frac{x}{t} + gt\sin\theta\right) + c\sqrt{gH_0\cos\theta} \tag{4.45}$$

$$h = \left(\frac{gt^2\sin\theta - 2x}{6t\sqrt{g\cos\theta}} + c\sqrt{H_0}\right)^2 \tag{4.46}$$

堵塞体瞬间溃决时，上游部分水体在溃口位置以前波形式向下游传播，随之，其余水体以后波形式亦由静止开始运动并向下游传播，由此，按照特征线原理[37-38]可以建立起浅水波方程的两个边界条件，如下所示。

(1) 前波传播方程：

$$u_f = gt \cdot \sin\theta + 2\sqrt{gH_0\cos\theta} \tag{4.47}$$

$$x_f = \frac{1}{2}gt^2 \cdot \sin\theta + 2t\sqrt{gH_0\cos\theta} \tag{4.48}$$

(2) 后波传播方程。

第一阶段，O 点扩散至 B 点过程的传播方程与历时：

$$x_b^- = \frac{1}{4}gt^2 \cdot \sin\theta - t\sqrt{gH_0\cos\theta} \tag{4.49}$$

$$t_B = \frac{2}{\tan\theta} \cdot \sqrt{\frac{H_0}{g\cos\theta}} \tag{4.50}$$

第二阶段，B 点水体开始运动后，后波的传播方程为

$$u_b = gt \cdot \sin\theta - 2\sqrt{gH_0\cos\theta} \tag{4.51}$$

$$x_b = \frac{1}{2}gt^2 \cdot \sin\theta - 2t\sqrt{gH_0\cos\theta} + H_0\cot\theta \tag{4.52}$$

根据式 (4.47)～式 (4.52) 描述的溃决波传播方程，堵塞体溃决瞬间，水体将以某一初速度向下游演进，同时，溃决过程中将形成一个延迟的后波以较小于前波的速度向下游传播，在后波传播的第一阶段，后波向上游扩散，该过程影响范围内的断面流量直接受控于堵塞体溃口流量的变化特征，属于 S_1 型断面；在后波传播的第二阶段，后波也开始向下游运动，该过程影响范围内

的断面流量主要受控于沟道形态等因素,属于 S_2 型断面。假定前波额头的流深为 0,将式 (4.47) 或式 (4.48) 代入式 (4.45) 或式 (4.46) 解得:

$$c = \frac{2}{3}$$

将其代入式 (4.45) 和式 (4.46) 得到流速和流深表达式:

$$u(x,t) = \frac{2}{3}\left(\frac{x}{t} + gt\sin\theta + \sqrt{gH_0\cos\theta}\right) \quad (4.53)$$

$$h(x,t) = \left(\frac{gt^2\sin\theta - 2x}{6t\sqrt{g\cos\theta}} + \frac{2}{3}\sqrt{H_0}\right)^2 \quad (4.54)$$

初始状态,即 $t=0$ 时:
$-\infty < x < \infty \quad u(x,0) = 0$
$x \leqslant 0 \quad\quad\quad h(x,0) = (1 - x/x_b)H_0$
$x > 0 \quad\quad\quad h(x,0) = 0$

在溃口位置处,即 $x=0$ 时,考虑到堵塞体以瞬间全溃的形式破坏,根据式 (4.53) 和式 (4.54),当 $t \to 0^+$ 时,可求得溃口断面的最大流深及其对应流速:

$$h_{\max}(0) = \frac{4}{9}H_0, u(0) = \frac{2}{3}\sqrt{gH_0\cos\theta} \quad (4.55)$$

式 (4.53) 与式 (4.54) 表明,流体沿沟道向下游的演进过程被近似地表述为一个忽略摩擦的质点在重力作用下以某一初速度向下游的加速运动过程。根据斜坡上坝体溃决后,洪水演进的数值实验分析结果发现,在坝体溃决后的某一时刻,水流在溃口下游不同断面的流速和流深以某一规律发生变化,其中,流速变化近似为线性规律,而流深变化近似为对称的抛物线型[37],如图 4-9 所示。

根据溃口下游断面流速与流深的变化规律以及溃决波的传播方程,假定距离溃口下游某一位置 x 处断面的最大流深为溃决波首尾部构成的抛物线的中

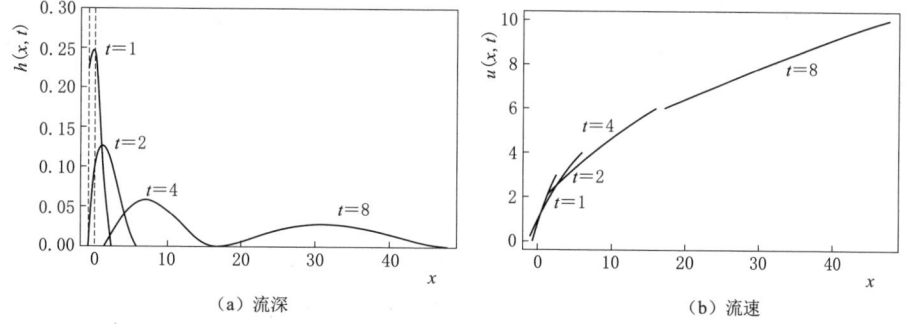

图 4-9 底坡为 45°时,流体在不同断面的流深和流速在 $x-t$ 平面的变化规律
(据 Ancey 等[37]。注:图中参数与本书中的参数并非一致)

点值，则对于溃口下游 S_2 型断面，x 处达到最大流深的条件为

$$x = \frac{1}{2}(x_b + x_f) \tag{4.56}$$

将式（4.48）和式（4.52）代入式（4.56）中，则有

$$(g\sin\theta)t^2 + H_0\cot\theta - 2x = 0$$

解方程可知，溃口下游 x 处断面取得最大流深的条件为

$$t = \frac{\sqrt{2gx\sin\theta - gH_0\cos\theta}}{g\sin\theta} \tag{4.57}$$

按照溃决波的传播特征对溃口下游沟道断面的分类可知，S_2 型断面需要满足条件 $t \geqslant t_B$，由式（4.50）与式（4.57）解得该条件为

$$x \geqslant 2.5H_0\cot\theta \tag{4.58}$$

对于溃口下游 S_1 型断面，即 $x < 2.5H_0\cot\theta$ 时，x 处达到最大流深的条件为

$$x = \frac{1}{2}(x_b^- + x_f) \tag{4.59}$$

将式（4.48）和式（4.49）代入式（4.59）中，则有

$$(3g\sin\theta)t^2 + 4t\sqrt{gH_0\cos\theta} - 8x = 0$$

解方程可知，溃口下游 x 处断面取得最大流深的条件为

$$t = \frac{2\sqrt{gH_0\cos\theta + 6gx\sin\theta} - 2\sqrt{gH_0\cos\theta}}{3g\sin\theta} \tag{4.60}$$

综上所述，在计算溃口下游断面最大流深及其对应流速时，需首先依据式（4.58）对沟道断面进行分类，然后再进行计算。对于 S_1 型断面，将式（4.60）代入式（4.53）和式（4.54）即可计算出溃口下游 x 处的最大流深及其对应的流速值；对于 S_2 型断面，将式（4.57）代入式（4.53）和式（4.54）中，即可计算出 x 处的最大流深及其对应的流速值。

在上述的计算方法推导过程中，将沟道内的天然堵塞体溃决模型简化为理想的一维瞬间全溃情形，忽略了沟道内的摩擦阻力与流体自身的阻力，以及堵塞体上游水流速度等。由于堵塞体溃决形成的泥石流流速快、规模大，在该过程中重力起主要作用，使得上述推导中的假设条件具有一定合理性，但同时与实际情况也存在较大差别，因此，需要对上述推导的理论公式进行修正方可应用。

泥石流沟道中的堵塞体溃决口及其下游断面的峰值流量可以作如下理解：一方面，在堵塞体上游水位不断抬升至某一临界值后，堵塞体瞬间溃决，溃口上游积蓄的水体势能以溃决波形式向沟道下游转换成流体的动能，在该演进过程中，流体运动形成的过流断面将随堵塞体溃口大小、沟道宽窄、沟底坡降等

条件不同而发生变化，同时，由于堵塞体下游沟道内的物源变化相较于沟道中的堵塞体而言，并不会对断面峰值流量产生突变影响，因此，这类因素可以通过引入泥沙系数进行修正；另一方面，在水流向下游演进的过程中，由于沟道形态及沟道内固体物源的补给等因素的影响，流体在演进过程中将不断裹挟或淤积固体物质，形成泥石流，同时，由于堵塞体下游沟道内的物源变化相较于沟道中的堵塞体而言，并不会对断面峰值流量产生突变影响，因此，这类因素均可通过引入系数进行修正。综合上述分析，在进行沟道断面的流量计算时，为了消除泥石流沟道内实际情况对流速和流深两个参数值带来的双重影响，应用曼宁公式将流速用流深表示，且引入流体演进修正系数 K_T 和泥沙修正系数 K_S[39]。则堵塞体溃口及其下游 x 处断面的峰值流量可用下述公式计算：

$$Q(x) = K_S K_T B_x h^{\frac{5}{3}}(x) \tag{4.61}$$

定义式（4.61）中两个修正系数的计算式分别为

$$K_S = 1 + \frac{\gamma_C - \gamma_w}{\gamma_H - \gamma_C} \quad K_T = \frac{1}{n}\left(\frac{B_0}{B_x}\right)^{\frac{1}{2}} J^{\frac{1}{2}} \tag{4.62}$$

式（4.61）和式（4.62）中：x 为计算断面距离堵塞体溃口的位置，m（当 $x=0$ 时即为溃口断面）；$Q(x)$ 为计算断面 x 处的峰值流量，m³/s；$h(x)$ 为计算断面 x 处的最大流深，m，判定出断面所属类型之后，可按式（4.54）计算而得；γ_C 为泥石流重度，kN/m³；γ_w 为清水重度，kN/m³，一般取为 10kN/m³；γ_H 为泥石流中固体物质比重，kN/m³，一般取为 26.5～27.5kN/m³；B_0 为溃决口的平均宽度，m；B_x 为计算断面处的沟底宽度，m；n 为沟床糙率系数，其取值可查阅水文手册和相关规范[39]；J 为流体水力坡度，可用沟床纵坡代替，‰。

式（4.61）表明，溃决型泥石流的断面流量主要受控于三方面因素：第一，沟道堵塞体后积蓄的流体势能是堵塞体溃决形成泥石流的主要动力条件，堵塞体后水深越大，流体具备的势能越高，当堵塞体溃决，其转换而成的流体动能亦越大；第二，水流运动过程中裹挟的固体物质量，主要取决于沟道内物源的分布情况，以及固体物质的颗粒级配情况，该特征主要用泥沙系数 K_S 进行修正；第三，沟道断面的形态等，主要用流体演进系数 K_T 作修正[40-41]，由于沟道较宽时，泥石流常发生堆积，K_T 取小值，当沟道弯曲或变窄时，泥石流常发生壅高且流速增加，K_T 取大值；沟床的糙率系数用于反映沟道的阻力特征。

4.3.2.2 验证与讨论

选取汶川震区暴发的典型溃决型泥石流事件作为样本，对断面的峰值流量计算式（4.61）进行验证。通常地，在公式计算值的验证过程中，用于验证的真实值的准确性将直接影响验证结果的可信度。由于泥石流沟道断面峰值流量的真实值无法精确地获取，因此，为尽量减少验证值自身误差对验证结果产生的影响，本书采用形态调查法计算得到的泥石流沟道断面峰值流量值作为验证的样本数据，计算式的验证数据见表4-6。

从表4-6中的数据分析可知，堵塞体溃口下游断面峰值流量的计算值沿程变化规律与实际情况基本吻合。为了验证推导式的可信度，利用相对误差计算式（4.63）对样本数据进行分析，得到相对误差，如图4-10所示。

$$e_r = \frac{Q_{\text{计}} - Q_{\text{验}}}{Q_{\text{验}}} \times 100\% \tag{4.63}$$

式中：$Q_{\text{计}}$为用推导式（4.61）计算出的断面峰值流量；$Q_{\text{验}}$为计算断面的验证值（由形态调查法计算而得）。

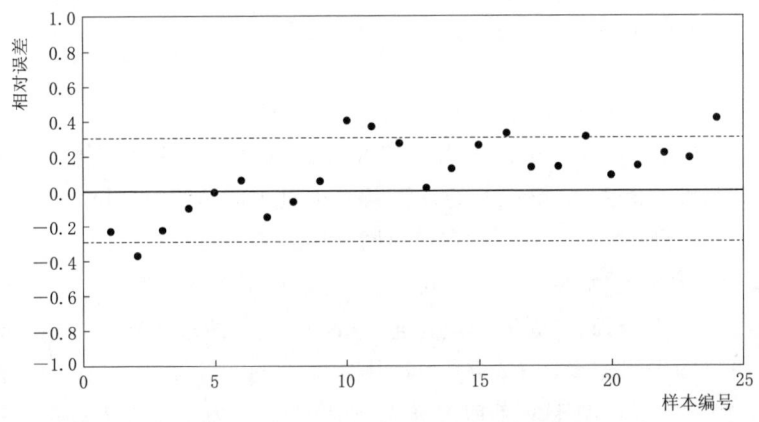

图4-10 样本数据的相对误差图

从图4-10分析可知，样本数据的计算值与验证值之间的相对误差最大为42%，且24个样本中有6个样本的相对误差大于30%，相对误差在±30%之内的样本数占总数的75%。由此可见，利用上述推导过程建立的断面峰值流量的计算方法是具备一定合理性的。通过分析图4-10中的6个异常点产生较大误差的原因，总结得出利用推导过程建立的计算方法主要存在以下缺点：

（1）该计算方法是基于沟道堵塞体瞬间全溃的一维情形假定推导而得，且考虑的是主级堵塞体，因此，对于实际情况中为部分溃决的样本，其计算结果会产生较大误差，如红石潮溃口断面的计算值；另外，由于沟道内存在多个次级堵塞体，产生多级溃决的关联影响时，也会给计算结果带来一定误差，如果沟道内只有一处主控的堵塞体时，推导式的计算结果能够与实际情况吻合较好，如红椿沟泥石流样本断面的计算结果。

（2）利用上述推导过程建立的计算式中引入的修正系数不能完全反映断面

4.3 泥石流的溃决过程

表 4-6　溃决型泥石流断面峰值流量推导式的验证数据

事件	编号	计算断面	位置/m	坡降/‰	糙率	溃口或沟底宽度/m	堵塞体后水深或堵塞体高/m	演进修正系数 K_T	泥石流容重/(t/m³)	泥沙修正系数 K_S	断面最大流深/m	峰值流量/(m³/s) 计算值	峰值流量/(m³/s) 验证值
响水沟泥石流(2009年7月23日)	1	1—1 溃口	0	176	0.09	28	6.5	4.67	2.10	3.00	2.89	2298.05	2990.00
	2	2—2	291	173	0.09	25	—	5.06	2.10	3.00	2.52	1769.44	2799.70
	3	3—3	1676	171	0.08	30	—	4.76	2.10	3.00	2.74	2296.04	2958.70
	4	4—4	2029	162	0.07	32	—	5.38	2.10	3.00	2.79	2854.70	3138.70
	5	甘溪铺与主沟交会溃口	0	260	0.06	15	2.5	8.51	1.80	1.94	1.11	294.73	294.36
红椿沟泥石流(2010年8月13日)	6	12—12	108	198	0.05	25	—	6.89	1.80	1.94	0.99	328.98	309.88
	7	8—8	368	149	0.05	27	—	5.76	1.84	2.04	1.04	339.63	395.48
	8	6—6	598	146	0.05	36	—	4.93	1.88	2.14	1.05	412.61	438.14
	9	5—5	733	158	0.05	45	—	4.60	1.88	2.14	1.05	480.67	454.06
	10	红石潮溃口	0	262	0.09	36	5.1	5.69	1.64	1.60	2.26	1272.85	906.90
七盘沟泥石流(2013年7月10日)	11	1—1	499	203	0.09	76	—	3.45	1.64	1.60	2.09	1436.37	1047.10
	12	2—2	769	213	0.09	83	—	3.37	1.64	1.60	2.12	1571.16	1226.00

续表

事件	编号	计算断面	位置/m	坡降/‰	糙率	溃口或沟底宽度/m	堵塞体后水深或堵塞体高/m	演进修正系数 K_T	泥石流容重/(t/m³)	泥沙修正系数 K_S	断面最大流深/m	峰值流量/(m³/s) 计算值	峰值流量/(m³/s) 验证值
七盘沟泥石流(2013年7月10日)	13	小沟溃口	0	200	0.08	42	4.7	5.59	1.80	1.89	2.08	1502.42	1473.00
	14	3—3	264	191	0.08	78	—	4.01	1.83	1.95	1.87	1733.10	1522.00
	15	4—4	1473	176	0.08	61	—	4.36	1.83	1.95	1.99	1634.47	1289.72
	16	5—5	2504	173	0.08	49	—	4.81	1.83	1.95	2.01	1474.26	1108.95
	17	6—6	3502	169	0.08	32	—	5.89	1.83	1.95	2.02	1188.72	1037.81
	18	7—7	4209	185	0.08	45	—	5.20	1.83	1.95	2.03	1487.81	1301.18
	19	黄泥槽溃口	0	144	0.07	62	4.9	5.42	1.82	1.93	2.17	2362.44	1802.00
	20	8—8	446	133	0.07	37	—	6.75	1.80	1.89	1.96	1449.18	1329.88
	21	9—9	624	112	0.07	34	—	6.75	1.80	1.89	1.97	1342.08	1166.09
	22	老鹰岩溃口	0	137	0.08	27	12.0	4.68	1.80	1.88	5.33	3868.68	3167.00
	23	10—10	204	109	0.09	35	—	3.22	1.79	1.87	3.95	2075.84	1734.52
	24	11—11	318	98	0.09	36	—	3.01	1.79	1.86	4.17	2177.23	1534.52

峰值流量的特征。其中，泥沙修正系数无法准确地反映泥石流过程中真实的产汇机制；演进修正系数不能够完全反映出沿程弯道对泥石流运动的影响，同时，推导式中也忽略了流体存在的内部阻力对演进过程的影响。

4.4 泥石流的三维特征

4.4.1 流向特征

在流向上，泥石流的演进特征主要受阻力控制，其引起的固体浓度变化可产生不同运动特征，从而形成各种泥石流类型。通过分析控制方程的稳定性发现[42-43]，任何以浅水波形式演进的流体都可能因重力和惯性力的相互作用而产生阵流。在实际情况中，每一阵泥石流的龙头规模都会随着沟床阻力分布的不均匀性而发生变化，且造成这种阻力不均匀分布的主要原因是泥石流龙头处的颗粒分选和孔隙水压力消散[33]。以下将基于收集的数据资料，分析泥石流演进过程中流向上的一些重要特征。

根据 Pudasaini[4] 的数值实验资料，当混合体初始固体浓度状态不同时，泥石流演进过程将表现出三类典型的特征，如图 4-11 所示。在案例 A 中初始混合体为均质状态，随着演进过程发展，泥石流首尾段以液相为主而中间段以固相为主，其原因主要在于均质条件下，液相更易流动且速度快于固相，致使泥石流体中部被固相占据，同时由于其阻碍使得尾部液相难以流动。在案例 B 中初始混合体为前稠后稀，随着演进过程发展，泥石流首部和中部均以固相为主，其原因主要在于液相难以克服固相阻碍，只能逐渐穿过固相或被滞留在尾部，这种现象类似于黏性泥石流的演进过程。在案例 C 中初始混合体为前稀后稠，随着演进过程发展，其特征正好与案例 B 中情形相反。

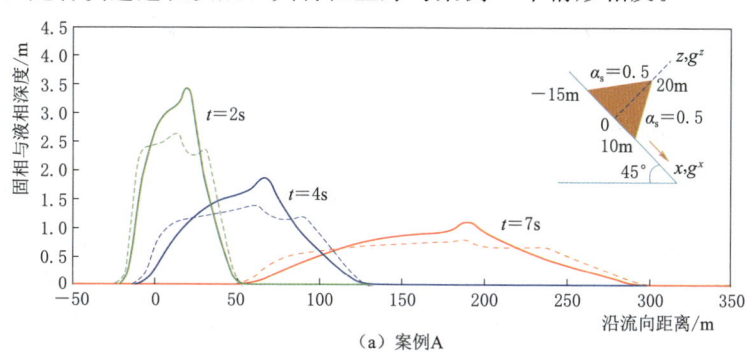

(a) 案例A

图 4-11（一） 泥石流演进过程中流向特征
（实线为固相、虚线为液相；资料来源于 Pudasaini[4]）

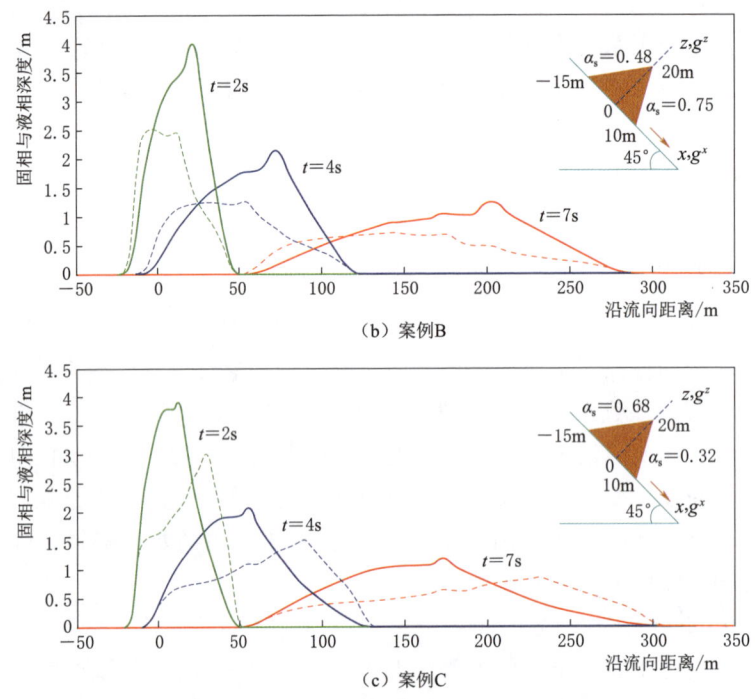

图 4-11 (二) 泥石流演进过程中流向特征
(实线为固相、虚线为液相；资料来源于 Pudasaini[4])

在泥石流的演进过程中，常因重力和惯性力作用导致流向上出现阵性发展。基于 Zanuttigh 和 Lamberti[43] 汇总的阵性泥石流野外监测与水槽试验数据，采用沟道坡降和流体流速进行无量纲化的沟道长度可作为演进中滚动波形成所需的特征长度[44]，绘制其与 Fr 数的关系，如图 4-12 所示。随着 Fr 数增加即惯性力大于重力且两者差值越大时，滚动波形成所需的特征长度将减小，即流体演进过程中，阵性发展越强烈。

4.4.2 垂向特征

在垂向上，泥石流的浓度分布和速度分布特征将直接影响它的侵蚀和淤积等动力过程。Kowalski 等[45] 基于数值实验分析了泥石流垂向浓度分布与泥沙沉降和扩散时间尺度比值的关系，当该比值越大时，垂向上以下部沉降为主直至泥沙完全沉降；当该比值越小时，垂向泥沙分布趋于均匀。伴随着泥石流演进过程中的侵蚀和堆积作用，泥石流体的垂向结构也将发生变化，此时应考虑垂向上的颗粒分选，它是引起泥石流流动性和冲击力大增的重要原因，目前主要采用惯性颗粒流理论[8] 和随机振动筛机理[46] 进行解释，且也有尝试采

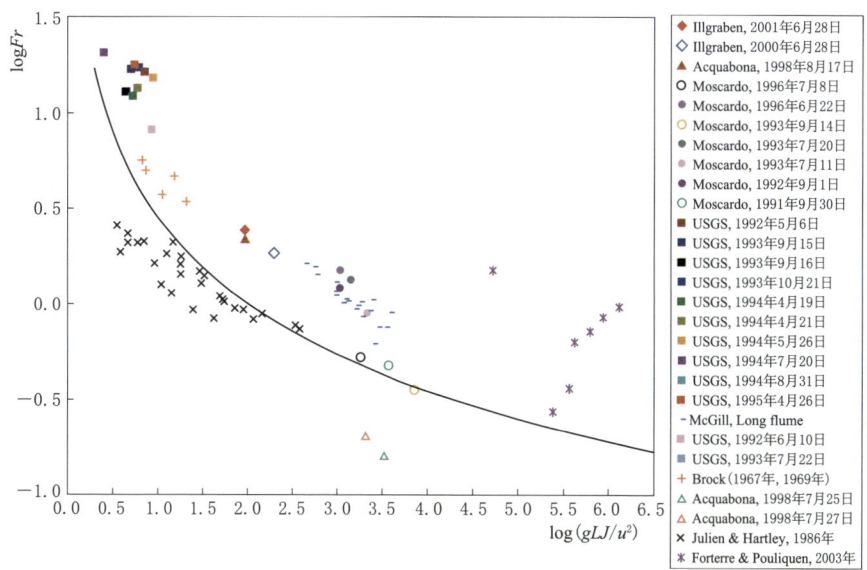

图 4-12 泥石流演进过程中滚动波形成的特征长度与 Fr 数的关系

(数据来源：Zanuttigh 和 Lamberti[43])

用基于 $\mu(I)$ 流变模式的控制方程对分选过程进行描述[47]。泥石流运动中的垂向结构及颗粒分选过程，如图 4-13 所示。

泥石流流速的垂向分布是泥石流运动理论中的核心问题之一。为了统一现有的泥石流流速垂向分布公式，在二维条件下，分别针对泥石流中的固相和液相运动速度相等或不等两种假定条件进行讨论。当两者速度相等时，控制方程无法反映两相的相互作用，而是把两相的混合物作为研究对象，近似地将泥石流视为"伪一相流"。控制方程中的应力与各相的浓度及其梯度、速度及其梯度以及两相的物理力学性质等有关，因此，在应力模化过程中常将其划分为非切变速率依赖项和切变速率依赖项。目前，关于前者的研究还不够充分，主要反映在各种模化表达式中参数变化较大，且该部分应力对参数变化敏感；而针对后者的研究相对较成熟，在泥石流的伪一相流模型中，本构模式建立了应力与切变速率的关系，因此，泥石流流速的垂向分布可以直接由本构方程和力学平衡关系推导而得。现有的泥石流流速垂向分布公式大多基于此假定，见表 4-7。

表 4-7 中代表性公式往往仅适合于描述某一类均质泥石流，而不便于描述各类泥石流运动的复杂特性。公式中往往主要考虑固相颗粒的内部作用或液相的流变特性，而未能反映两相之间的相互作用，比如液相浆体对固相粗颗粒的浮力作用和拖曳作用，以及固相颗粒对液相流动结构的影响等。另外，在实际情况中，两相流流速分布还受固相颗粒浓度及其梯度的影响[54]，并且固相

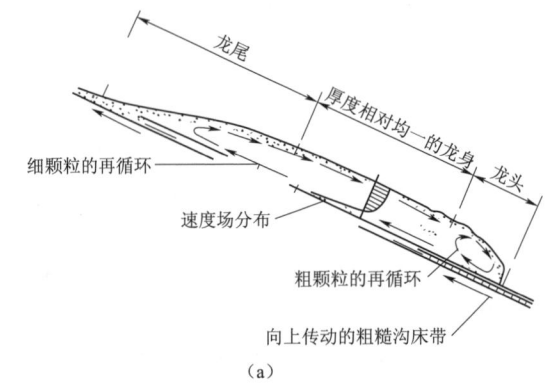

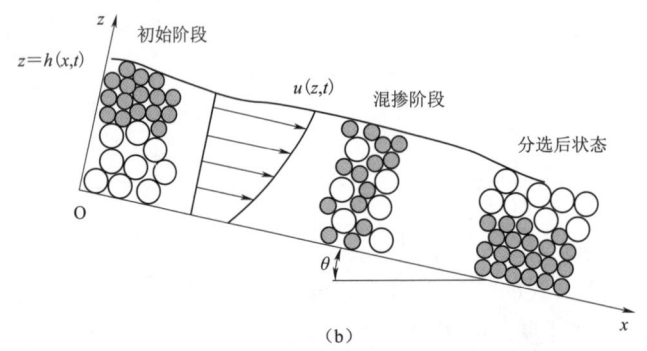

图 4-13　泥石流运动中的垂向结构及颗粒分选示意图

(资料来源：图 (a) 改自 Hutter 和 Rajagopal[48]，图 (b) 改自 Wiederseiner 等[49])

颗粒的分选过程能够显著地改变颗粒体内部切变速率的分布，从而弱化边界层效应[55]。

当两者速度不等时，除了需要对泥石流体中的固相内部作用和液相的流变特性进行模化外，还要考虑两相之间的相互作用。根据舒安平等[56]对非均质泥石流中固相和液相运动特征的探讨，对于低容重泥石流，通常有液相速度大于固相速度，此时液相浆体靠前，固相粗颗粒居后，形成一种较常见的液相主动、固相被动的运动特征；随着颗粒浓度的增大，在高容重泥石流中，固相粗颗粒在前，液相细颗粒在后，形成一种较少见的固相主动、液相被动的运动特征，此时液相速度小于固相速度。

由于在这种假定条件下，泥石流的切变速率无法像在伪一相流模型中，直接解某个本构方程而得，因此，推导泥石流流速的垂向分布公式需要对控制方程进行求解。在二维恒定均匀流的条件下，泥石流体中固相和液相在 x 方向上的动量方程可简化为

表 4-7 代表性的泥石流流速垂向分布公式

序号	推导依据	公式形式	适用条件及符号说明	文献
1	宾汉体模型	$u = \dfrac{\rho g h^2 \sin\theta}{\mu_B}\left[\left(1 - \dfrac{\tau_b}{\rho g h \sin\theta}\right)\dfrac{z}{h} - \dfrac{1}{2}\left(\dfrac{z}{h}\right)^2\right]$	适用于颗粒很细,且属于层流流态的泥流	Johnson[50]
2	膨胀体模型	$u = \dfrac{2}{3\lambda d}\sqrt{\dfrac{\rho g \sin\theta}{k_1 \rho_s}}\left[h^{1.5} - (h-z)^{1.5}\right]$	适用于饱和水石流。λ 为线性浓度,k_1 为系数	Takahashi[51]
3	广义黏塑性体模型	$\dfrac{du_*}{dy_*} = A\left[(z_c - z_*)z_*^K\right]^{\tfrac{1}{\eta}}$	适用于明渠均匀流假定。A 为系数;$u_* = u/\bar{u}$;$z_* = z/h$;z_c 为塞流层与剪切层的分界位置;η 为系数;B 为 Einstein 常数;K 为颗粒作用系数	Chen[52]
4	质量和动量守恒方程	$u = \dfrac{2}{3}\left\{\left(\dfrac{x}{t}\right)^{\tfrac{2}{3}} - \left[\Lambda_{gi} z\right]^{\tfrac{2}{3}}\right\}$	基于膨胀体理论推导的龙头垂向流速分布式。Λ_{gi} 为系数	Pudasaini[53]
5	经验关系	$u = \left[\alpha + 2(1-\alpha)\dfrac{z}{h}\right]\bar{u}$	该式表示 u 与其平均值的经验关系,α 控制垂向上切变量,与动量分布系数有关	Johnson 等[33]

$$C_s\rho_s g\sin\theta - \frac{d\tau_{s(zx)}}{dz} + I_{sx} = 0 \quad (4.64a)$$

$$C_f\rho_f g\sin\theta - \frac{d\tau_{f(zx)}}{dz} + I_{fx} = 0 \quad (4.64b)$$

式（4.64）满足如下边界条件：

$$\tau_{s(zx)}|_{z=h} = \tau_{f(zx)}|_{z=h} = 0, u_f|_{z=0} = u_s|_{z=0} = 0 \quad (4.65)$$

泥石流体中的固相应力采用式（4.19）；而在恒定流条件下，液相浆体阻力主要包括屈服力、黏滞力和紊动力，其本构关系与高含沙水流有相似之处，前两者采用 Bingham 流变模式反映，紊动力可采用 Prandtl 混合长度模式反映，则有底面切应力

$$\tau_{f(zx)} = \tau_B + \mu_B\frac{du_f}{dz} + \rho_f l^2\left(\frac{du_f}{dz}\right)^2 \quad (4.66)$$

式中：l 为混合长度，与液相的紊动强度相关。张红武[54] 以紊流涡团模式为基础，推导了恒定均匀高低含沙水流中的混合长度，其满足如下关系式：

$$\frac{l}{h} = c_n\sqrt{\frac{z}{h}} \quad (4.67)$$

式中：c_n 为涡团参数，$c_n = 0.375\kappa$，其中，卡门常数 κ 与固体浓度有关，当液相为清水时，κ 可取为 0.4。在层流流态下，液相切应力以屈服力和黏滞力为主；在紊流流态下，液相切应力以紊动力为主，且 τ_B 随紊动增强而明显减小，最终完全消失。

根据表 2-1 的分类，在不考虑紊动力的层流流态时，可忽略式（4.66）中的第三项，即将液相视为宾汉体；在不考虑屈服力和黏滞力的紊流流态时，可忽略式（4.66）中的前两项。在恒定条件下相间相对运动的时间导数等于零，此时，两相之间的相互作用主要为拖曳力，根据 Kolev[57] 对两相流中拖曳作用的研究成果，则有

$$I_{sx} = -I_{fx} = C_sC_f(\rho_s - \rho_f)g\sin\theta \quad (4.68)$$

式（4.68）揭示了两相之间拖曳作用的最基本特征，即当 $C_s = 0$ 或 $C_f = 0$ 时，拖曳力不存在，当 $\rho_s - \rho_f = 0$ 时，固相颗粒处于中性悬浮状态。分别考虑层流和紊流流态下液相中的主要应力项，将其代入式（4.67），并利用边界条件，可求得泥石流两相流速垂向分布公式为

$$u_f = \frac{1}{\mu_B}\left\{[(1+C_s)\rho_f - C_s\rho_s]\left(hz - \frac{z^2}{2}\right)C_f g\sin\theta - \tau_B z\right\} \quad (4.69a-1)$$

$$u_f = \frac{1}{c_n}\sqrt{\frac{[(1+C_s)\rho_f - C_s\rho_s]C_f gh\sin\theta}{\rho_f}}\left[\sqrt{\frac{z}{h}\left(1-\frac{z}{h}\right)} + \arcsin\sqrt{\frac{z}{h}}\right]$$

$$(4.69a-2)$$

$$u_s = \frac{2}{3d}\sqrt{\frac{[C_s\rho_s+(\rho_s-\rho_f)(C_sC_f+\cot\theta\tan\varphi)]g\sin\theta}{f_c\rho_s\tan\varphi}}[h^{1.5}-(h-z)^{1.5}]$$

(4.69b)

式中：C_s、C_f、h、θ、d 可直接测量或计算得到；μ_B、τ_B、ρ_f、f_c、φ 由相关试验获得；ρ_s、g 一般为常数。液相流态可根据表 2-1 中的判别指标来确定，其中，式（4.69a-1）用于求层流流态下的液相流速分布，式（4.69a-2）用于求紊流流态下的液相流速分布，在求得两相流速的分布后，采用质量加权平均即可得到泥石流混合体流速的垂向分布。

采用 Egashira 等[58] 的水槽试验资料对上述建立的流速垂向分布公式进行验证。该试验采用粒径 $d=3.58\text{mm}$ 的砂颗粒在坡度为 $\theta=18°$ 的水槽中进行试验，用于研究水石流的运动特征。有关试验参数包括颗粒体积浓度为 $C_s=0.293$，流深 $h=18.3\text{mm}$，液相为水，$\varphi=38.5°$，$f_c=0.60$，$\rho_s=2.65\text{g/cm}^3$，$g=9.8\text{m/s}^2$。将试验数据作为输入参数，代入式（4.69）中可计算得流体的速度分布，将流速用最大流速值，z 值用流深值分别进行标准化处理，则可得到速度分布如图 4-14（a）所示。将本书公式与现有公式进行比较，绘制混合体流速分布与采用表 4-7 中膨胀体模型计算的流速分布如图 4-14（b）所示。

由图 4-14（a）可知，本书公式的计算结果与试验数据吻合较好，且混合体的流速分布受固相和液相的共同影响，即泥石流的流速分布不能仅根据固相运动或液相运动的特征进行判断，而应综合分析两相之间的相互作用。由于试验是以水石流为研究对象，因此仅对本书公式与表 4-7 中膨胀体模型的计算结果进行对比，由图 4-14（b）可知，采用膨胀体模型对水石流进行简化存在一定偏差，其可能与试验中的水石流未达到饱和有关，但结合图 4-14（a）可知，膨胀体模型侧重于反映固相运动特征，而忽略了液相以及固液两相之间的相互作用对泥石流流速分布的影响。

采用固液两相流模型分析泥石流流速的垂向分布时，首先需要合理地确定两相之间的分界粒径，其直接影响两相类各参数的取值。由于固液两相之间的相互作用，泥石流中液相和固相的速度分布特性将偏离于各自单相运动时的速度分布特性，该偏离程度随着固相浓度的变化而变化。在实际情况中，泥石流固相浓度的垂向变化将影响垂线上颗粒间的作用力，进而影响流速的垂向分布，因此，相关试验或经验获取的模化参数也受固相浓度变化的影响。

4.4.3 侧向特征

在侧向上，泥石流的演进特征主要包括沟道的侧向侵蚀和堆积过程，以及沟道内的横向速度分布与纵向速度的横向分布等。目前关于泥石流的侧向特征

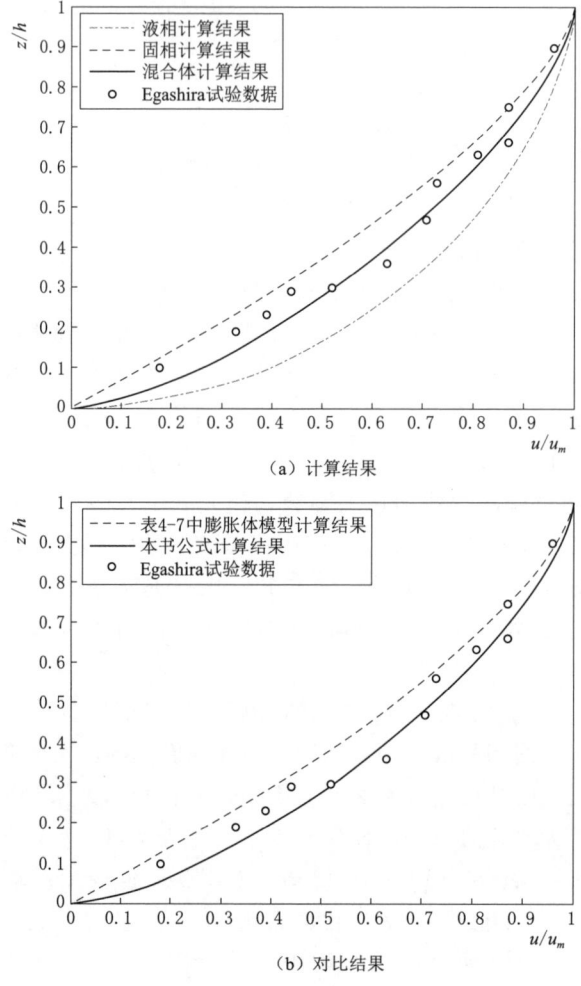

图 4-14 泥石流流速的垂向分布

研究相对较少,已有研究[21-23]表明泥石流运动过程中侧向切应力一般较小,且比底面切应力小很多,可以忽略;对于沟道内的堆积过程通常与侵蚀作用一起考虑。另外,沟道侧蚀也是泥石流固体物源的重要补给形式,它可对泥石流的演进过程产生重要影响。以下将基于收集的数据资料,分析泥石流的沟道侧蚀和沟道横断面上纵向流速的横向分布等特征。

目前关于泥石流的侧蚀研究主要包括野外调查的定性描述,以及物理试验的特征分析。泥石流的侧蚀作用可以增大其运动阻力,一方面边岸物质掺入泥石流增大了其固相摩擦阻力,另一方面掺入的物质需要通过动量交换加速以成为泥石流的组成成分。根据吕立群等[59]关于泥石流侧蚀的物理试验,边岸侧蚀比沟床侵蚀更有利于泥石流的形成和发展；侧蚀作用可以导致泥石流演进过程中的不稳定性增强，使得泥石流的阵性次数要高于只有沟床侵蚀作用的情形。

根据 Johnson 等[33] 开展的大型水槽试验结论，颗粒分选是泥石流侧堤形成的重要条件。颗粒分选使粗颗粒不断聚集于泥石流体表面，当粗颗粒数量较多时，它们还将聚集于龙头，且在粗颗粒再循环过程中，它们将因侧向流速作用而扩散远离流体中心轴，并以螺旋式轨迹向流体两侧运动，从而形成泥石流侧堤，其概化过程如图 4-15 所示。

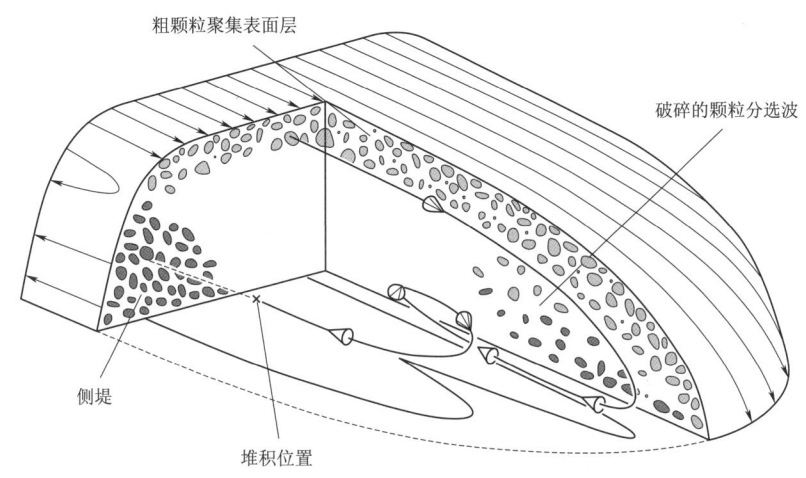

图 4-15 泥石流侧堤形成的概化过程（改自 Johnson 等[33]）

泥石流沟道横断面上纵向流速的横向分布特征对沟道演变具有重要影响，比如对形成沟道弯道超高、沟岸侧蚀等方面的影响；另外，它在泥石流沟道内防治工程设计中也具有重要作用。由于在基于深度平均理论的泥石流演进模型中无法全面反映纵向流速的横向分布特征，这里通过沟道断面的形态概化提出描述该特征需要重点关注的要素，为后续分析提供铺垫。假定沟道的横断面如图 4-16 所示，则沟道断面流量 Q_x 满足如下关系：

$$Q_x = \iint_D u(y,z) \mathrm{d}\delta, D \in [a \leqslant y \leqslant b, f_1(y) \leqslant z \leqslant f_2(y)] \quad (4.70)$$

式中：D 为积分区域；f_1 和 f_2 分别为沟床高程和泥石流自由表面高程的表达式；(y,z) 为横断面坐标；a、b 分别为自由表面两端点高程；$\mathrm{d}\delta$ 为区域 D 的微元。

根据式（4.70），在分析沟道内纵向流速的横向分布时，首先需要确定泥石流自由表面高程的表达式，Han 等[60] 尝试采用流量迭代的方法来确定流深取得了较好效果；其次是分析横向上流速的垂向分布，在采用上节的流向流速

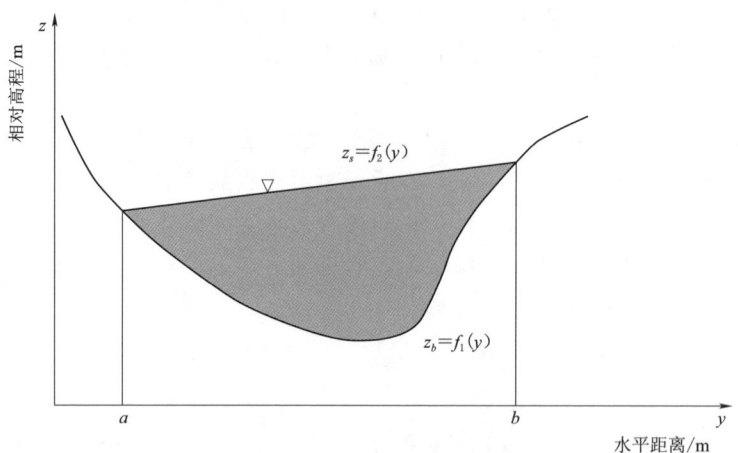

图 4-16　泥石流沟道的横断面

分布公式进行横断面上各点的流速计算时是否存在问题还需进一步讨论。

上述讨论中提及的泥石流三维特征信息，在目前的泥石流运动模型中均未能充分考虑，亦或者模型只能揭示部分特征。因此，后续研究中还应对现有泥石流动力模型无法揭示的泥石流三维特征信息做专门分析，其中需要重点加以考虑的特征包括颗粒分选现象、阵性发展、沟道侧蚀以及流速横向分布等。

参考文献

［1］ Iverson R M. Elementary theory of bed‐sediment entrainment by debris flows and avalanches [J]. Journal of Geophysical Research，2012，117，F03006.

［2］ 吴积善，康志成，田连权，等. 云南蒋家沟泥石流观测研究 [M]. 北京：科学出版社，1990.

［3］ Iverson R M, Ouyang C J. Entrainment of bed material by earth‐surface mass flows: review and reformulation of depth‐integrated theory [J]. Rev. Geophys.，2015，53（1）：27－58.

［4］ Pudasaini S P. A general two‐phase debris flow model [J]. Journal of Geophysical Research: Earth Surface，2012，117，F03010.

［5］ 费祥俊，康志成，王裕宜. 细颗粒浆体、泥石流浆体对泥石流运动的作用 [J]. 山地研究，1991，9（3）：143－152.

［6］ 沈寿长，谢慎良. 泥石流体的结构模式和粗颗粒对泥浆体流变特性的影响 [J]. 泥沙研究，1983（3）：12－19.

［7］ 韩其为，何明民. 泥沙起动规律及起动流速 [M]. 北京：科学出版社，1999.

［8］ Bagnold R A. Experiments on a gravity‐free dispersion of large solid spheres in a Newtonian fluid under shear [J]. Proceedings of the Royal Society of London，Series

A，1954，225（1160）：49-63.

[9] Takahashi T. Debris flow：Mechanics，Prediction and Countermeasures [M]. Taylor & Francis Group，London，UK，2007：178-188.

[10] 曾超，苏志满，雷雨，等. 泥石流浆体与大颗粒冲击力特征的试验研究 [J]. 岩土力学，2015，36（7）：1923-1930，1938.

[11] 费祥俊，舒安平. 泥石流运动机理与灾害防治 [M]. 北京：清华大学出版社，2004.

[12] 陈洪凯，唐红梅，陈野鹰. 泥石流固液分相流速计算方法研究 [J]. 应用数学和力学，2006（3）：357-364.

[13] 陈宁生，杨成林，李欢. 基于浆体的泥石流容重计算 [J]. 成都理工大学学报：自然科学版，2010，37（2）：168-173.

[14] 钱宁，王兆印. 泥石流运动机理的初步探讨 [J]. 地理学报，1984（1）：33-43.

[15] 倪晋仁，王光谦. 泥石流的结构两相流模型：I. 理论 [J]. 地理学报，1998 53（1）：66-76.

[16] 舒安平，张志东，王乐，等. 基于能量耗损原理的泥石流分界粒径确定方法 [J]. 水利学报，2008（3）：257-263.

[17] 韩其为. 论挟沙能力级配 [C]//第六届全国泥沙基本理论研讨会论文集. 郑州：黄河水利出版社，2005：3-20.

[18] 韩其为. 非均匀沙不平衡输沙的理论研究 [J]. 水利水电技术，2007，38（1）：14-23.

[19] 韩其为. 水量百分数的概念及在非均匀悬移质输沙中的应用 [J]. 水科学进展，2007，18（5）：633-640.

[20] 张瑞瑾. 河流泥沙动力学 [M]. 北京：中国水利水电出版社，1998.

[21] Savage S B，Hutter K. The motion of a finite mass of granular material down a rough incline [J]. J. Fluid Mech.，1989，199：177-215.

[22] Iverson R M. The physics of debris flows [J]. Reviews of Geophysics，1997，35（3）：245-296.

[23] Pirulli M，Bristeau M O，Mangeney A，et al. The effect of the earth pressure coefficients on the runout of granular material [J]. Environmental Modelling & Software，2007，22（10）：1437-1454.

[24] Iverson R M，Denlinger R P. Flow of variably fluidized granular masses across three-dimensional terrain：1. Coulomb mixture theory [J]. J. Geophys. Res，2001，106（B1）：537-552.

[25] 钱宁. 高含沙水流运动 [M]. 北京：清华大学出版社，1989.

[26] Pitman E B，Le L. A two-fluid model for avalanche and debris flows [J]. Philosophical Transactions of the Royal Society of London A：Mathematical，Physical and Engineering Sciences，2005，363（1832）：1573-1601.

[27] Berger C，McArdell B W，Schlunegger F. Direct measurement of channel erosion by debris flows，Illgraben，Switzerland [J]. Journal of Geophysical Research：Earth Surface，2011，116（F1）.

[28] McCoy S W，Kean J W，Coe J A，et al. Sediment entrainment by debris flows：In situ measurements from the headwaters of a steep catchment [J]. Journal of Geophysical Research：Earth Surface，2012，117（F3）.

[29] Paola C, Voller V R. A generalized Exner equation for sediment mass balance [J]. Journal of Geophysical Research: Earth Surface, 2005, 110 (F4).

[30] El Kadi Abderrezzak K, Paquier A. Applicability of sediment transport capacity formulas to dam-break flows over movable beds [J]. Journal of hydraulic engineering, 2010, 137 (2): 209-221.

[31] Wu W, Wang S S. One-dimensional modeling of dam-break flow over movable beds [J]. Journal of Hydraulic Engineering, 2007, 133 (1): 48-58.

[32] Cantelli A, Wong M, Parker G, et al. Numerical model linking bed and bank evolution of incisional channel created by dam removal [J]. Water Resources Research, 2007, 43 (7).

[33] Johnson C G, Kokelaar B P, Iverson R M, et al. Grain-size segregation and levee formation in geophysical mass flows [J]. Journal of Geophysical Research: Earth Surface, 2012, 117, F01032.

[34] Osman A M, Thorne C R. Riverbank stability analysis. I: Theory [J]. Journal of Hydraulic Engineering, 1988, 114 (2): 134-150.

[35] Annandale G W. Scour technology: mechanics and engineering practice [M]. New York: McGraw-Hill, 2006.

[36] 张健楠. 沟道内堰塞体溃决形成泥石流的机理及特征研究 [D]. 成都: 成都理工大学, 2011.

[37] C. Ancey, R. M. Iverson, M. Rentschler, et al. An exact solution for ideal dam-break floods on steep slopes [J]. Water Resources Research, 2008, 44, W01430.

[38] 谢任之. 溃坝水力学 [M]. 济南: 山东科学技术出版社, 1993.

[39] 中华人民共和国国土资源部. 泥石流灾害防治工程勘查规范: DZ/T 0220—2006 [S]. 北京: 中国标准出版社, 2006.

[40] 陈晓清, 陈宁生, 崔鹏. 冰川终碛湖溃决泥石流流量计算 [J]. 冰川冻土, 2004, 26 (3): 357-362.

[41] Cui, P, Zhou, Gordon G D, Zhu X H, et al. Scale amplification of natural debris flows caused by cascading landslide dam failures [J]. Geomorphology, 2013, 182: 173-189.

[42] Forterre Y, Pouliquen O. Long-surface-wave instability in dense granular flows [J]. Journal of Fluid Mechanics, 2003, 486: 21-50.

[43] Zanuttigh B, Lamberti A. Instability and surge development in debris flows [J]. Reviews of Geophysics, 2007, 45, RG3006.

[44] Julien P Y, Hartley D M. Formation of roll waves in laminar sheet flow [J]. Journal of Hydraulic Research, 1986, 24 (1): 5-17.

[45] Kowalski J, McElwaine J N. Shallow two-component gravity-driven flows with vertical variation [J]. Journal of Fluid Mechanics, 2013, 714: 434-462.

[46] Middleton G V. Experimental studies related to problems of flysch sedimentation [J]. Flysch Sedimentology in North America, 1970, 7: 253-272.

[47] Gray J, Kokelaar B P. Large particle segregation, transport and accumulation in granular free-surface flows [J]. Journal of Fluid Mechanics, 2010, 652: 105-137.

[48] Hutter K, Rajagopal K R. On flows of granular materials [J]. Continuum Mechanics and Thermodynamics, 1994, 6 (2): 81-139.

[49] Wiederseiner S, Andreini N, Épely-Chauvin G, et al. Experimental investigation into segregating granular flows down chutes [J]. Physics of Fluids, 2011, 23 (1): 013301.

[50] Johnson A M. A model for debris flow [D]. Pennsylvania: Pennsylvania State University, 1965.

[51] Takahashi T. Mechanical characteristics of debris flow [J]. Hydraulics Division, ASCE, 1978, 104 (8): 1153-1169.

[52] Chen C L. General solutions for viscoplastic debris flow [J]. J. Hydraul. Eng., ASCE, 1988, 114: 259-282.

[53] Pudasaini S P. Some exact solutions for debris and avalanche flows [J]. Physics of Fluids, 2011, 23 (4): 043301.

[54] 张红武. 挟沙水流流速的垂线分布公式 [J]. 泥沙研究, 1995 (2): 1-10.

[55] 周公旦, 孙其诚, 崔鹏. 泥石流颗粒物质分选机理和效应 [J]. 四川大学学报（工程科学版）, 2013, 45 (1): 28-36.

[56] 舒安平, 王乐, 杨凯, 等. 非均质泥石流固液两相运动特征探讨 [J]. 科学通报, 2010, 55 (31): 3006-3012.

[57] Kolev N I. Multiphase Flow Dynamics 2. Thermal and Mechanical Interactions [M]. Springer, 2007.

[58] Egashira S, Ashida K, Yajima H, et al. Constitutive equation of debris flow [J]. Annals of the Disaster Prevention Research Institute, Kyoto University, 1989, 32 (B-2): 487-501.

[59] 吕立群, 王兆印, 崔鹏, 等. 沟岸侧蚀对泥石流形成和运动过程的影响 [J]. 水科学进展, 2017, 28 (4): 553-563.

[60] Han Z, Chen G, Li Y, et al. Exploring the velocity distribution of debris flows: An iteration algorithm based approach for complex cross-sections [J]. Geomorphology, 2015, 241: 72-82.

第 5 章

沟道型泥石流的数值模拟

数值模拟是研究泥石流动力过程的重要方法，目前关于泥石流的数值模拟大多基于深度平均的浅水流模型，可作反演分析。根据第 4 章建立的泥石流控制方程以及泥石流三维结构特征的分析成果，进行沟道型泥石流演进的数值模拟研究，结合第 3 章关于泥石流起动过程的计算，即可实现泥石流的全过程模拟，用于正演分析。本章首先基于前文关于泥石流动力过程的数学描述，对其控制方程的特征、数值格式、源项处理等方面进行分析；再选择能够描述不连续流场的数值方法，分别进行泥石流的一维和二维数值模拟研究，并对泥石流的数值格式和模拟效果等方面进行讨论。

5.1 一维数值模拟

5.1.1 数值格式

沟道型泥石流由"触发—运动—堆积"等多阶段的复杂过程组合而成，首先采用起动模型判断沟道是否触发泥石流，再将前文建立的二维两相流模型化简为一维形式求解泥石流的演进过程，即可进行从触发到停止的泥石流全过程分析。尽管泥石流的一维特征描述在实践应用中具有较大局限性，但其对于进一步揭示泥石流复杂的全过程特征具有重要意义。下面将主要介绍泥石流一维演进过程的数值模拟方法。

为了便于数值求解，将泥石流的运动边界条件和侵蚀方程单独考虑。在物理过程上，泥石流演进具有不连续特征；在数学结构上，两相流控制方程属于非线性的双曲型偏微分方程组，因此方程的解存在间断情况，需要选择能够描述不连续流场的高性能数值格式[1]。假定泥石流中两相物质均不可压缩，且不考虑两相的质量补给，并将动量分布系数近似为 1，则以向量形式表示的泥石

流一维两相守恒型控制方程为

$$\frac{\partial \boldsymbol{U}(\boldsymbol{W})}{\partial t}+\frac{\partial \boldsymbol{F}(\boldsymbol{W})}{\partial x}=\boldsymbol{S}(\boldsymbol{W}) \tag{5.1a}$$

式中：状态变量 $\boldsymbol{W}=(h_s,\ h_f,\ m_s,\ m_f)^{\mathrm{T}}$，其中，$h_s=C_s h$ 和 $h_f=C_f h$ 分别为泥石流固相和液相深度在整个流深（$h_s+h_f=h$）中的占比，$m_s=C_s h u_s$ 和 $m_f=C_f h u_f$ 分别为泥石流固相和液相在动量通量中的占比；$\boldsymbol{U}=\boldsymbol{U}(\boldsymbol{W})$ 为守恒变量，$\boldsymbol{F}=\boldsymbol{F}(\boldsymbol{W})$ 为数值通量，$\boldsymbol{S}=\boldsymbol{S}(\boldsymbol{W})$ 为源项向量，根据 4.1 节中建立的泥石流两相流模型，三者表达式（以下均省略用于表示深度平均值的顶部横线）分别为

$$\boldsymbol{U}=\begin{Bmatrix} h_s \\ h_f \\ m_s-\dfrac{\rho_f C}{\rho_s}\left(m_f\dfrac{h_s}{h_f}-m_s\right) \\ m_f+C\left(m_f\dfrac{h_s}{h_f}-m_s\right) \end{Bmatrix},$$

$$\boldsymbol{F}=\begin{Bmatrix} m_s \\ m_f \\ \dfrac{m_s^2}{h_s}-\dfrac{\rho_f C}{\rho_s}\left(m_f^2\dfrac{h_s}{h_f^2}-\dfrac{m_s^2}{h_s}\right)+\dfrac{1}{2}k_{ap}g_z h_s(h_s+h_f) \\ \dfrac{m_f^2}{h_f}+C\left(m_f^2\dfrac{h_s}{h_f^2}-\dfrac{m_s^2}{h_s}\right)+\dfrac{1}{2}g_z h_f(h_f+h_s) \end{Bmatrix} \tag{5.1b}$$

$$\boldsymbol{S}=\begin{Bmatrix} h_s E_b/h \\ h_f E_b/h \\ h_s g_x-k_{ap}h_s g_z\dfrac{\partial z_b}{\partial x}-\mathrm{sgn}(u_s)\left(\dfrac{\rho_s-\rho_f}{\rho_s}hg_z\tan\varphi\right)+\dfrac{hC_{DG}}{\rho_s}m_{fs}|m_{fs}|^{\zeta-1}+\dfrac{h_s u_s(z_b)E_b}{h} \\ h_f g_x+\dfrac{h_f\mu_f}{\rho_f}\dfrac{\partial^2}{\partial x^2}\left(\dfrac{m_f}{h_f}\right)-\dfrac{3\mu_f m_f}{\rho_f h^2}-\dfrac{hC_{DG}}{\rho_f}m_{fs}|m_{fs}|^{\zeta-1}+\dfrac{h_f u_f(z_b)E_b}{h} \end{Bmatrix}$$

(5.1c)

式中：附加质量系数 $C=(1+2C_s)/(2C_f)$，$m_{fs}=m_f/h_f-m_s/h_s$。

实际上，泥石流运动的控制方程是一个多变量耦合的非线性系统。从数学角度上讲，通量的 Jacobian 矩阵 $\boldsymbol{A}$ 的特征值可以通过求解一个四次多项式得到，根据特征线理论[1]，矩阵 $\boldsymbol{A}$ 的四个特征值反映了方程沿特征线方向传播流场信息的波速。为了既能计算间断流场，又能有效避免因沟道地形不连续引

起的计算失稳[2]，选择二阶精度 Godunov 型格式的有限体积法，首先将一维两相守恒型控制方程离散为迎风格式

$$U_i^{j+1} = U_i^j - \frac{\Delta t}{\Delta x}(F_{i+1/2} - F_{i-1/2})^j + \Delta t S_i^j \quad (5.2)$$

式中：i 和 j 分别为空间和时间节点编号；$F_{i+1/2}$ 为单元界面的数值通量，本书采用能够避免数值振荡的总变差减小（TVD 格式）的加权平均通量（WAF）法[3]计算

$$F_{i+1/2} = \frac{1}{2}(F_i + F_{i+1}) - \frac{1}{2}\sum_{k=1}^{n}\mathrm{sgn}(c_k)A_{i+1/2}^k(F_{i+1/2}^{k+1} - F_{i+1/2}^k) \quad (5.3a)$$

式中：k 为各个波系编号；c_k（$=S_k\Delta t/\Delta x$）为数值通量穿过波速为 S_k 的波对应的 Courant 数；$A_{i+1/2}^k$ 为 WAF 限制函数，用于对数值格式进行数值耗散的自适应调节，其与传统的通量限制器 $\psi(r_{i+1/2}^k)$ 满足关系式[3]

$$A_{i+1/2}^k = 1 - (1 - |c_k|)\psi(r_{i+1/2}^k) \quad (5.3b)$$

式中：$\psi(r_{i+1/2}^k)$ 有多种函数形式，为了能够描述沟道溃决时出现陡剖面的现象，此处采用 Superbee 限制函数；$r_{i+1/2}^k$ 为变量（可用流深）的迎风变化与局地变化之比，计算式为

$$\psi(r_{i+1/2}^k) = \max[0, \min(2r_{i+1/2}^k, 1), \min(r_{i+1/2}^k, 2)], r_{i+1/2}^k = \begin{cases} \dfrac{q_i^j - q_{i-1}^j}{q_{i+1}^j - q_i^j}, & c_k > 0 \\ \dfrac{q_{i+2}^j - q_{i+1}^j}{q_{i+1}^j - q_i^j}, & c_k < 0 \end{cases}$$

(5.3c)

根据表达式（5.3a），在计算界面平均通量之前，还需通过求解局部 Riemann 问题确定界面两侧的状态变量、波速以及通量穿过各个波系发生的跳跃量，且这些量与矩阵 A 的特征值有关。由于求解特征值的多项式系数和结构较为复杂，以下将专门讨论。

5.1.2 关键问题

为了能够求解泥石流一维两相守恒型控制方程的离散式（5.2），综合考虑控制方程的结构特征和数值计算过程中的稳定性，分别对局部 Riemann 问题求解、方程源项的离散处理和进出口边界设置等关键问题进行阐述。

5.1.2.1 局部 Riemann 问题求解

由于存在附加质量系数的影响，直接求解矩阵 A 的特征值较为困难，因此暂时忽略附加质量系数对特征值的影响，将矩阵 A 的表达式近似为

$$A = \frac{\partial F(W)}{\partial W} = \begin{bmatrix} 0 & 0 & 1 & 0 \\ 0 & 0 & 0 & 1 \\ -\frac{m_s^2}{h_s^2} + \frac{1}{2}k_{ap}g_z(2h_s + h_f) & \frac{1}{2}k_{ap}g_z h_s & \frac{2m_s}{h_s} & 0 \\ \frac{1}{2}g_z h_f & -\frac{m_f^2}{h_f^2} + \frac{1}{2}g_z(2h_f + h_s) & 0 & \frac{2m_f}{h_f} \end{bmatrix}$$

(5.4)

根据式（5.4）可知，泥石流运动的流场信息传播主要取决于两相的速度和压力项。考虑两种极端情况[4]，当固相速度占主导地位时，液相压力可忽略；当液相速度占主导地位时，固相侧压力可忽略。因此，按照速度和压力解耦矩阵 A 可得两相的特征值

$$\lambda_{s(1,3)} = m_s/h_s \pm \sqrt{k_{ap}g_z(h_s + 0.5h_f)}, \lambda_{f(2,4)} = m_f/h_f \pm \sqrt{g_z(h_f + 0.5h_s)}$$

(5.5)

式中：$\lambda_{s(1,3)}$ 和 $\lambda_{f(2,4)}$ 分别为固相和液相的特征值。从形式上看，当流深不为零时，系统具有四个实数特征根，方程为严格双曲型；尽管特征值是经过解耦求得，但其仍包含基本的状态变量信息，因此可用作计算单元界面的数值通量。

目前，关于 Riemann 问题的求解包括采用精确求解器和近似求解器[3]，这些数值方法都已发展得较为成熟。根据矩阵解耦求得的两相特征值，采用 HLL（Harten-Lax-van Leer）求解器[5] 可以分别求解单元界面处固相和液相对应的数值通量。该方法基于"两波结构"假定，具有格式装配简单、自动满足熵条件以及激波捕捉性能较好等优点。以固相为例，根据波速大小可以按式（5.6）计算界面处的数值通量：

$$F_{i+1/2}^{HLL} = \begin{cases} F(W_L) & 0 \leq S_L \\ \dfrac{S_R F_L - S_L F_R + S_L S_R (W_R - W_L)}{S_R - S_L} & S_L < 0 < S_R \\ F(W_R) & 0 \geq S_R \end{cases}$$

(5.6)

式中：下标 L 和 R 分别表示 $x = x_i$ 和 $x = x_{i+1}$ 处。

在计算过程中合理估计波速大小至关重要，这里的界面两侧波速采用式（5.7）计算[3]：

$$S_L = u_{s,L} - a_{s,L} q_{s,L}, S_R = u_{s,R} + a_{s,R} q_{s,R}$$

$$q_{s,K} = \begin{cases} \sqrt{(h_{s,*} + h_{s,K})h_{s,*}/(2h_{s,K}^2)} & h_{s,*} > h_{s,K} \\ 1 & h_{s,*} \leq h_{s,K} \end{cases}$$

$$a_{s,K}=\sqrt{k_{ap}g_z(h_{s,K}+0.5h_{f,K})},h_{s,*}=[(a_{s,L}+a_{s,R})/2+(u_{s,L}-u_{s,R})/4]^2/g_z \tag{5.7}$$

式中：下标 K 为 L 或 R；$u_s=m_s/h_s$。

5.1.2.2 方程源项的离散处理

上述基于局部 Riemann 问题求解数值通量的过程均未涉及源项，因此可以采用分离源项方法[3]，将控制方程的求解过程分为两步。首先暂定 $S=0$，通过计算界面数值通量可以求解控制方程的齐次部分，从而得到结果 $U°$；再将齐次部分求出的 $U°$ 作为初始值，通过求解下列常微分方程可以得到 Δt 时间后的状态变量值：

$$\frac{\mathrm{d}U}{\mathrm{d}t}=S(U°) \tag{5.8}$$

这里采用显式欧拉法离散上述常微分方程，在离散过程中，源项中的液相黏性扩散项采用三点差分格式，床面高程随空间变化项采用中心差分格式；对于描述沟道地形变化的侵蚀率，分别采用输沙力法和切应力法进行离散。在输沙力法中，首先采用向前差分求解各节点输沙率，进而联立边界条件式（4.3）和沟床冲淤变化方程式（4.25）可得侵蚀率的表达式，将沟床高程变化和各节点输沙率代入式（4.29）可求沟床宽度的变化量；在切应力法中，直接代入 $U°$ 初始值就可得侵蚀率和沟道宽度的变化量。

还需指出，为了满足计算数值通量的需要，分别在进出口位置外侧虚设一个网格，并按透射边界处理。以上提出的一维两相流模型数值求解方法为全显式格式，其收敛时满足 CFL（Courant - Friedrichs - Lewy）条件，因此，在计算过程中时间步长采用式（5.9）调整：

$$\Delta t=CFL\Delta x/\max(S_k) \tag{5.9}$$

式中：CFL 数为收敛条件，此处取 0.9。

综上所述，绘制泥石流的一维两相流模型计算流程，如图 5-1 所示。

5.1.3 算例分析

为了验证和讨论上述泥石流一维两相流模型的数值方法，这里选择两个算例，分别进行不考虑侵蚀和考虑侵蚀的模拟计算分析。不考虑侵蚀的模拟以 Pudasaini[4] 数值实验中案例 B 条件为例进行计算分析，其数值计算结果如图 5-2 所示。

根据图 5-2 的计算结果，在类似于黏性泥石流的演进过程中，当混合体开始运动后，液相浓度能够沿程发生快速的非线性变化；沿着流动方向，液相体积浓度先减小后增大，且在流体中偏前部位达到最小值。这种液相浓度的沿

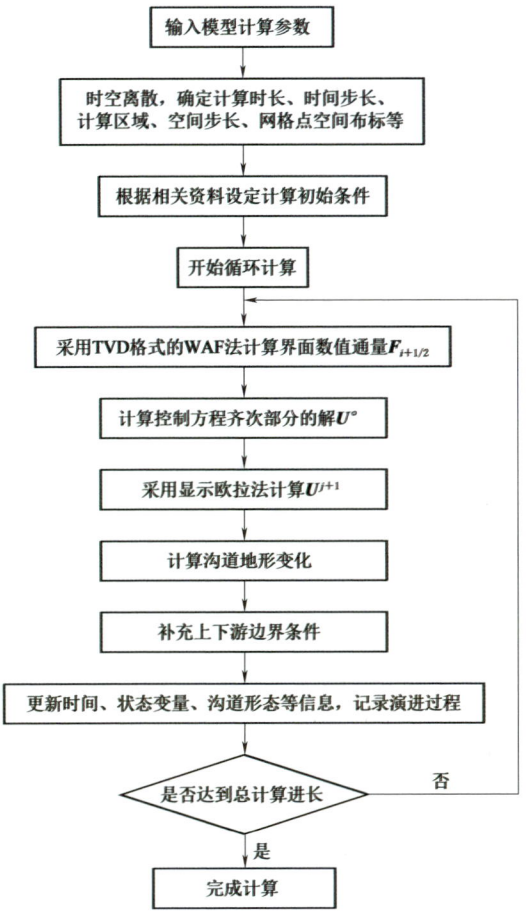

图 5-1 泥石流一维两相流模型计算流程

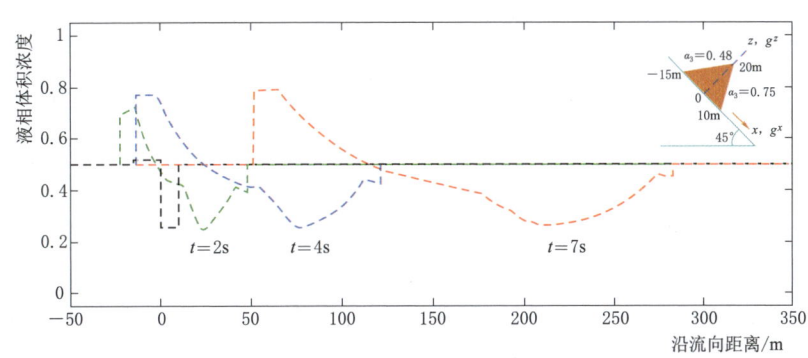

图 5-2 Pudasaini 数值实验中案例 B 条件下液相体积浓度沿程变化情况

程变化特征与前述关于固相和液相深度沿程的变化规律是一致的。这种演进特征也揭示了黏性泥石流在运动过程中具有明显阵性发展的条件，通常每阵泥石流的龙头只有在其后部积聚了足够能量，即液相在中尾部积聚到足够大的水力条件，才能够促使下一阵泥石流的起动和发展。

在考虑泥石流的侵蚀过程时，以 USGS 试验资料[6-7]为例进行计算分析，由于数据资料有限，此处仅采用切应力法计算侵蚀。本书选取试验组别 C（2018 年 5 月 13 日），试验水槽长度 70m，坡度 31°，可侵蚀层厚度 0.116m，含水率 0.253，初始混合体 6m³，固体浓度 0.52，相关计算参数见表 5-1。计算结果如图 5-3 所示。

表 5-1　　　　　　　USGS 试验资料模拟的计算参数

$\rho/(kg/m^3)$	c/Pa	$\varphi/(°)$	$\varphi_2/(°)$	λ_2
2020	0	40	40	0.8

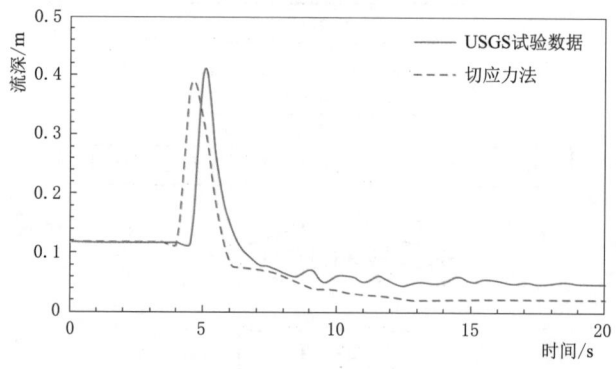

图 5-3　USGS 试验资料模拟结果

（数据来源：取 $x=32$ 处流深的试验数据，文献 [6]）

由图 5-3 可知，采用切应力法计算泥石流的侵蚀过程能够较好地与试验数据相吻合。上述两个算例表明，泥石流的一维两相流模型能够用于描述泥石流演进过程中的一些基本特征。由于收集数据资料的局限性，此处仅进行了切应力法计算与试验数据的对比，但分析两种描述侵蚀的表达式还可知，采用输沙力法需要的参数比切应力法中的参数更为敏感，比如恢复饱和长度的确定等都需要一定经验性，因此，要提高输沙力法实用性，还需首先给出较合理的方法确定泥石流中的相关参数；而对于切应力法，虽然其原理清晰，且能够直观表述侵蚀能力，但由于侵蚀过程的复杂性，包括其过程中存在的随机性，仅由力学平衡关系式中的几个确定参数还无法较全面地揭示泥石流的侵蚀过程。

5.2 二维数值模拟

5.2.1 Flo-2D

5.2.1.1 软件简介

Flo-2D 是一款由 O'Brien 等[8] 研发的二维洪水和泥石流模拟软件,其主要应用于洪水灾害管理、工程风险设计、泥流和土石流等问题。该软件可以模拟流体流动的速度和水深,以及流体的淹没范围和堆积深度等,故其可为洪水、泥石流等灾害的危险性分区和减灾工程效果评估等提供支持。

Flo-2D 模型求解主要基于非牛顿流体模式和中心有限差分的数值方法,模型中假设流体水压分布为静水压,差分计算时各时间步长假设为稳态流,模型无法模拟水跃和波浪现象。通过求解流体的控制方程得到流体在计算区域内 x 和 y 方向上的流速和流深等。Flo-2D 模型采用的控制方程简述如下[9]:

(1) 连续方程:

$$\frac{\partial h}{\partial t}+\frac{\partial hV_x}{\partial x}+\frac{\partial hV_y}{\partial y}=i \tag{5.10}$$

式中: h 为流体深度; t 为时间; V_x 和 V_y 分别为 x 和 y 方向上的平均流速; i 为水力坡降。

(2) 运动方程。

1) 动力波模式:

$$S_{fx}=S_{bx}-\frac{\partial h}{\partial x}-\frac{\partial V_x}{g\partial t}-\left(\frac{V_x}{g}\frac{\partial V_x}{\partial x}+\frac{V_y}{g}\frac{\partial V_x}{\partial y}\right) \tag{5.11a}$$

$$S_{fy}=S_{by}-\frac{\partial h}{\partial y}-\frac{\partial V_y}{g\partial t}-\left(\frac{V_x}{g}\frac{\partial V_y}{\partial x}+\frac{V_y}{g}\frac{\partial V_y}{\partial y}\right) \tag{5.11b}$$

2) 扩散波模式:

$$S_{fx}=S_{bx}-\frac{\partial h}{\partial x} \tag{5.12a}$$

$$S_{fy}=S_{by}-\frac{\partial h}{\partial y} \tag{5.12b}$$

3) 运动波模式:

$$S_{fx}=S_{bx} \tag{5.13a}$$

$$S_{fy}=S_{by} \tag{5.13b}$$

式中: S_{fx} 和 S_{fy} 分别为 x 和 y 方向上的摩阻坡降; S_{bx} 和 S_{by} 分别为 x 和 y 方向上的底床坡降; g 为重力加速度。

式 (5.11) 从左至右各项的物理含义分别为摩阻坡降、底床坡降、压力梯度、惯性力中对流加速度项和局部加速度项。在流体运动方程中，通常分为上述动力波、扩散波和运动波三种模式。Flo-2D 可以选择采用动力波或扩散波模式进行模拟。

（3）流变方程。O'Brien 等指出，高浓度含沙水流的总应力包括黏聚性屈服应力、莫尔-库伦屈服应力、黏滞剪应力、紊动剪应力和扩散剪应力。采用二项式模式可表示为

$$\tau = \tau_y + \eta\left(\frac{\partial V}{\partial y}\right) + C\left(\frac{\partial V}{\partial y}\right)^2 \tag{5.14}$$

式中：τ_y 为屈服应力，包括黏聚性屈服应力和莫尔-库伦屈服应力；η 为动力黏滞系数；C 为紊动-扩散系数。

通过深度方向积分，可将式（5.14）采用坡降形式表述为

$$S_f = \frac{\tau_y}{\gamma_m h} + \frac{K\eta V}{8\gamma_m h^2} + \frac{n^2 V^2}{h^{4/3}} \tag{5.15}$$

其中，$\eta = \alpha_1 e^{\beta_1 C_v}$，$\tau_y = \alpha_2 e^{\beta_2 C_v}$

式中：α_1、α_2、β_1、β_2 为流变参数；C_v 为体积浓度；n 为糙率。相关系数取值参考文献 [9]。

采用 Flo-2D 模拟泥石流演进过程的主要步骤包括：

1）数据准备：流域资料，影像数据，地形数据，实地调查认识。

2）前处理：导入影像和地形数据，划分网格，确定计算区域，进行高程插值。

3）设置出水点：在源头或主溃口处设置出水点，并给出流量过程线。

4）确定出口边界：流域下游设置出口边界。

5）设置相关参数：流变参数，时间步长等。

6）进行模拟计算。

5.2.1.2 算例分析

为了利用 Flo-2D 软件对泥石流的演进过程进行数值模拟，根据第 2 章中的分析，七盘沟泥石流的演进过程主要受红石潮堵塞体溃决和老鹰岩堵塞体溃决控制，因此，在这两处分别设置 1 号和 2 号出水点进行模拟。通过野外调查分析，以及上述的老鹰岩堵塞体溃决过程模拟，1 号和 2 号出水点处的最大清水流量值分别为 301m³/s 和 1785m³/s，根据引起泥石流发生的关键雨量是泥石流暴发前的 1h 降雨[10]，假定红石潮堵塞体早于老鹰岩堵塞体 1h 溃决。基于水量平衡原理得到两处的流量过程线如图 5-4 所示。根据第 2 章中对沟道沿程流体容重变化情况的分析，容重值在红石潮至老鹰岩区间内小范围波动，因此，泥石流演进的体积浓度值 C_v 可近似取为常数，参照 Flo-2D 手册中提供的模拟参数经验取值表[9]，上述区间段的 C_v 取为 0.52，而老鹰岩及其下游

段演进的 C_v 取为 0.48，其余参数见表 5-2，利用这些参数按上述步骤进行模拟后，得到泥石流沟道内流速和流深的分布，如图 5-5 所示。

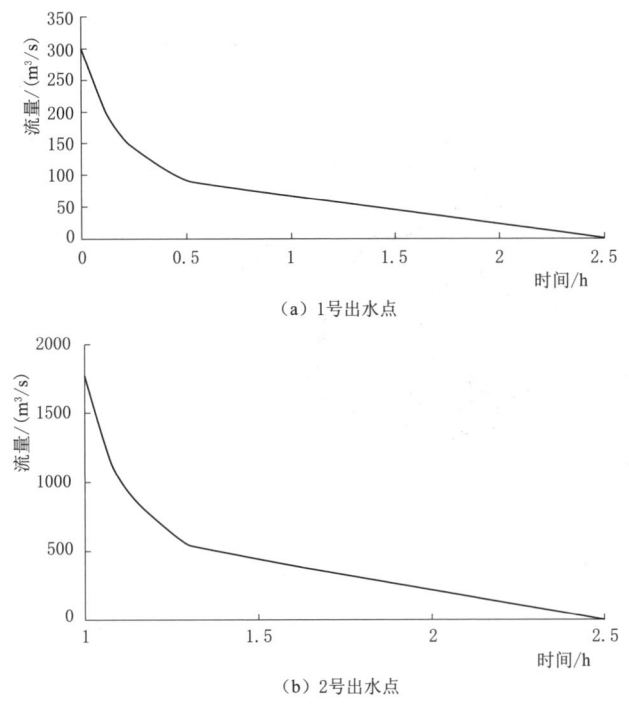

图 5-4 1号和2号出水点的流量过程线

从模拟结果可知，泥石流演进过程中，沟道断面的最大流速为 9.8m/s，最大泥深为 7.8m，均发生在老鹰岩堵塞体溃决口附近。

表 5-2　　　　　　七盘沟泥石流演进过程数值模拟参数

α_1	β_1	α_2	β_2	K	n	C_v
0.811	13.72	0.00462	11.24	2285	0.07	0.52/0.48

5.2.2　Massflow

5.2.2.1　软件简介

Massflow 软件是一款高效能地表灾害动力过程仿真软件，可模拟滑坡、泥石流、碎屑流、山洪、雪崩、堰塞湖等地质灾害及灾害链动力演化全过程，还适用于山区流域水文计算、尾矿库溃坝、流固耦合等一系列灾害问题的数值模拟工作。通过使用该软件可实时揭示地质灾害随时空演化过程，为地质灾害定量风险评估、基础设施与城镇规划布局、应急减灾与救灾策略制定提供理论

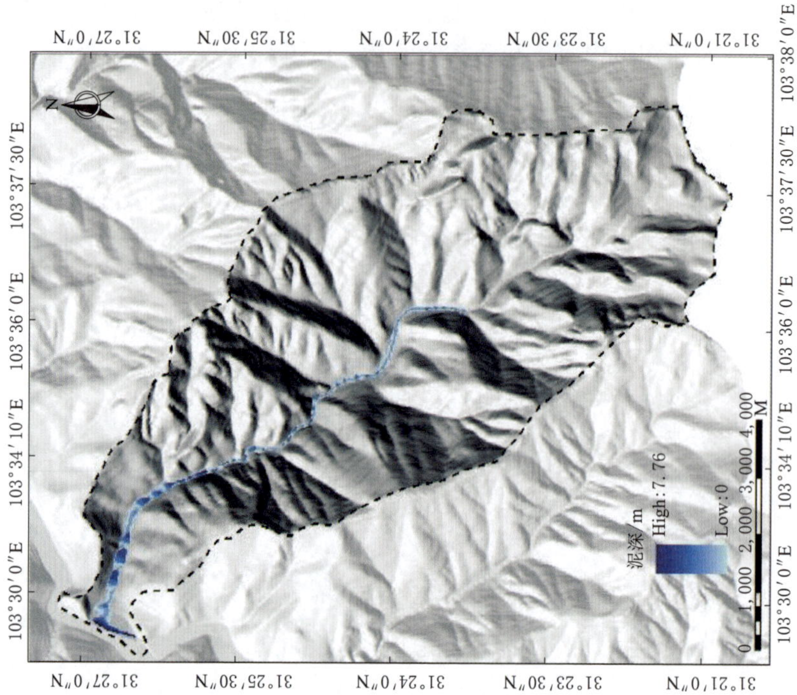

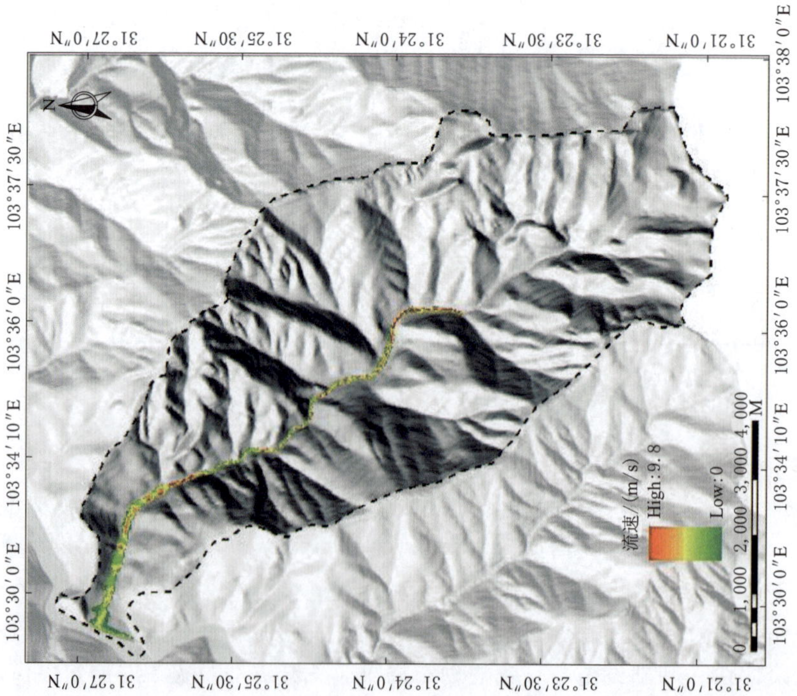

第 5 章　沟道型泥石流的数值模拟

图 5-5　七盘沟泥石流演进过程数值模拟结果

与技术支持。

根据泥石流一维两相流模型求解的讨论，若采用 Godunov 型格式的有限体积法，需要在求解局部 Riemann 问题时计算一个较复杂的行列式。因此在进行二维数值模拟时，采用泥石流的二维混合体模型，并选择在时间和空间上具有二阶精度，能有效捕捉不连续界面的 MacCormack - TVD 有限差分算法。Massflow 软件是基于深度积分的连续介质力学理论，利用改进的 Mac-Cormack - TVD 有限差分方法[11]，兼有考虑复杂地形地貌、具有二阶精度和自适应求解域的特征。其控制方程的向量形式[13] 为

$$\frac{\partial \boldsymbol{X}}{\partial t}+\frac{\partial \boldsymbol{F}}{\partial x}+\frac{\partial \boldsymbol{G}}{\partial y}=\boldsymbol{S}+\boldsymbol{T} \tag{5.16a}$$

式中

$$\boldsymbol{X}=\begin{pmatrix} h \\ h\bar{u} \\ h\bar{v} \\ z_b \end{pmatrix}, \boldsymbol{F}=\begin{pmatrix} h\bar{u} \\ h\bar{u}\bar{u}+\frac{1}{2}k_{ap}g_zh^2 \\ h\bar{u}\bar{v} \\ 0 \end{pmatrix}, \boldsymbol{G}=\begin{pmatrix} h\bar{v} \\ h\bar{u}\bar{v} \\ h\bar{v}\bar{v}+\frac{1}{2}k_{ap}g_zh^2 \\ 0 \end{pmatrix} \tag{5.16b}$$

$$\boldsymbol{S}=\begin{pmatrix} 0 \\ hg_x-k_{ap}hg_z\frac{\partial z_b}{\partial x}-\mathrm{sgn}(\bar{u})\frac{\bar{u}}{\sqrt{\bar{u}^2+\bar{v}^2}}\left(\frac{\rho_s-\rho_f}{\rho_s}hg_z\tan\varphi\right)+u(z_b)E_b \\ 0 \\ 0 \end{pmatrix}$$

(5.16c)

$$\boldsymbol{T}=\begin{pmatrix} E_b \\ 0 \\ hg_y-k_{ap}hg_z\frac{\partial z_b}{\partial y}-\mathrm{sgn}(\bar{v})\frac{\bar{u}}{\sqrt{\bar{u}^2+\bar{v}^2}}\left(\frac{\rho_s-\rho_f}{\rho_s}hg_z\tan\varphi\right)+v(z_b)E_b \\ -u(z_b)\frac{\partial z_b}{\partial x}-v(z_b)\frac{\partial z_b}{\partial y}-E_b \end{pmatrix}$$

(5.16d)

在求解时，采用 Operator - Splitting 方法将上述方程分裂为两个一维问题：

$$\frac{\partial \boldsymbol{X}}{\partial t}+\frac{\partial \boldsymbol{F}}{\partial x}=\boldsymbol{S}, \frac{\partial \boldsymbol{X}}{\partial t}+\frac{\partial \boldsymbol{G}}{\partial y}=\boldsymbol{T} \tag{5.17}$$

在 $(n+1)\Delta t$ 时刻

$$\boldsymbol{X}_{i,j}^{n+1}=L_{x2}\left(\frac{\Delta t}{2}\right)L_{y2}\left(\frac{\Delta t}{2}\right)L_{y1}\left(\frac{\Delta t}{2}\right)L_{x1}\left(\frac{\Delta t}{2}\right)\boldsymbol{X}_{i,j}^{n} \tag{5.18}$$

式中：L_x 和 L_y 分别为预测-校正-平均计算式，每步通过两次计算得到下一时间步长结果。

以 $L_x 1$ 为例，其求解式为

$$\boldsymbol{X}_{i,j}^{p} = \boldsymbol{X}_{i,j}^{n} - (\boldsymbol{F}_{i,j}^{n} - \boldsymbol{F}_{i-1,j}^{n})\frac{\Delta t}{2\Delta x} + \boldsymbol{S}_{i,j}^{n} \Delta t/2 \quad (5.19)$$

$$\boldsymbol{X}_{i,j}^{c} = \boldsymbol{X}_{i,j}^{n} - (\boldsymbol{F}_{i+1,j}^{p} - \boldsymbol{F}_{i,j}^{p})\frac{\Delta t}{2\Delta x} + \boldsymbol{S}_{i,j}^{p} \Delta t/2 \quad (5.20)$$

$$\boldsymbol{X}_{i,j}^{n+1/2} = (\boldsymbol{X}_{i,j}^{p} + \boldsymbol{X}_{i,j}^{c})/2 + [G(\boldsymbol{r}_{i,j}^{+}) + G(\boldsymbol{r}_{i+1,j}^{-})]\Delta \boldsymbol{X}_{i+1/2,j}^{n}$$
$$- [G(\boldsymbol{r}_{i-1,j}^{+}) + G(\boldsymbol{r}_{i,j}^{-})]\Delta \boldsymbol{X}_{i-1/2,j}^{n} \quad (5.21)$$

式中上标 p 和 c 分别表示预测步和校正步，且

$$\Delta \boldsymbol{X}_{i+1/2,j}^{n} = \boldsymbol{X}_{i+1,j}^{n} - \boldsymbol{X}_{i,j}^{n}, \Delta \boldsymbol{X}_{i-1/2,j}^{n} = \boldsymbol{X}_{i,j}^{n} - \boldsymbol{X}_{i-1,j}^{n}$$

$$\boldsymbol{r}_{i,j}^{+} = \frac{(\Delta \boldsymbol{X}_{i-1/2,j}^{n}, \Delta \boldsymbol{X}_{i+1/2,j}^{n})}{(\Delta \boldsymbol{X}_{i+1/2,j}^{n}, \Delta \boldsymbol{X}_{i+1/2,j}^{n})}, \boldsymbol{r}_{i,j}^{-} = \frac{(\Delta \boldsymbol{X}_{i-1/2,j}^{n}, \Delta \boldsymbol{X}_{i+1/2,j}^{n})}{(\Delta \boldsymbol{X}_{i-1/2,j}^{n}, \Delta \boldsymbol{X}_{i-1/2,j}^{n})} \quad (5.22)$$

上述 $G()$ 函数形式为

$$G(x) = 0.5C[1 - \phi(x)] \quad (5.23)$$

式中：$\phi(x)$ 为 minmod 通量限制函数；C 为与 Courant 数有关的变量，计算公式如下：

$$C = \begin{cases} C_r(1-C_r), & C_r \leqslant 0.5 \\ 0.25, & C_r > 0.5 \end{cases} \quad (5.24)$$

式中：C_r 为局部 Courant 数，定义为

$$C_r = \frac{(|\overline{u}| + \sqrt{gh})\Delta t}{2\Delta x} \quad (5.25)$$

5.2.2.2 算例分析

为了进一步验证第 4 章中提出的泥石流演进模型，以四川汶川震区的红椿沟泥石流为例，计算其演进过程和侵蚀变化。红椿沟流域面积为 5.35km^2，高程范围 $880 \sim 1700\text{m}$，汶川地震后沟道内松散堆积体多达 $350 \times 10^4 \text{m}^3$；2010 年 8 月 14 日该地区产生的强降雨导致红椿沟暴发大型泥石流，野外调查发现这场泥石流冲出物质约达 $80.5 \times 10^4 \text{m}^3$，且有约 $40 \times 10^4 \text{m}^3$ 冲入岷江，沟道平均侵蚀厚度 $6 \sim 10\text{m}$，最大流深可达 20m。相关计算参数[12]见表 5-3，其中 u_c 为沟道可侵蚀的临界流速，计算网格 $5\text{m} \times 5\text{m}$，地形数据资料来自地质灾害防治与地质环境保护国家重点实验室。采用 Massflow 模拟，结果如图 5-6 所示。

表 5-3 红椿沟泥石流模拟的计算参数

$\rho/(\text{kg/m}^3)$	c/Pa	$\varphi/(°)$	$\varphi_2/(°)$	λ_2	$u_c/(\text{m/s})$
2020	2900	35	35	0.7	5

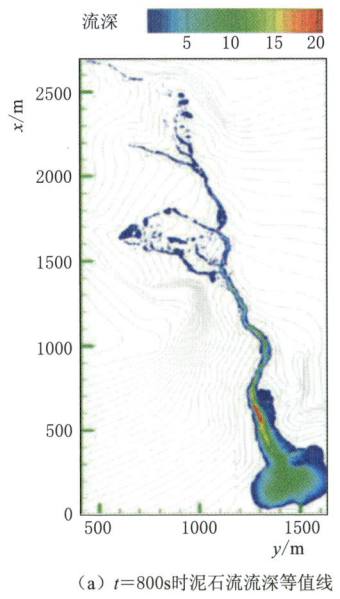
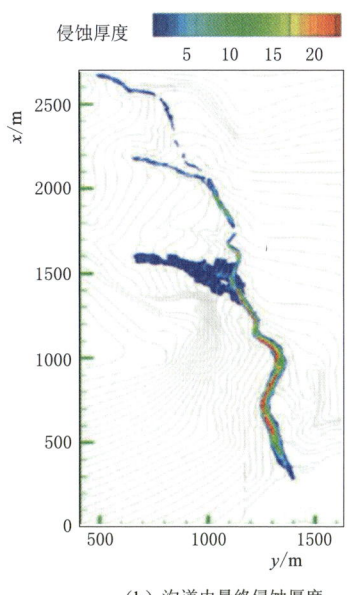

(a) $t=800s$时泥石流流深等值线　　(b) 沟道内最终侵蚀厚度

图 5-6　红椿沟泥石流模拟计算结果

根据图 5-6 的模拟计算结果，红椿沟泥石流沟道内最终侵蚀量为 $82.7×10^4 m^3$，与野外调查结果较为接近，且泥石流的最大侵蚀厚度发生在主沟流通区的中段部位，与实际情况也相吻合。模拟结果表明，在进行沟道型泥石流的二维数值模拟计算时，采用 Massflow 软件提出的改进 MacCormack-TVD 有限差分算法，能够有效地捕捉计算流场可能出现的间断现象，也能有效避免因沟道地形不连续引起的计算失稳。

5.2.3　r.avaflow

5.2.3.1　软件简介

r.avaflow 是一款基于 GIS 的开源软件工具[13]，可以用于计算一个或多个给定的释放体在任意地形上发生的复杂、多过程连续质量流，直至所有物质停止并沉积，或所有物质离开计算区域，或达到定义的最大计算时长，比如模拟泥石流、雪崩沿任意地形运动至堆积区域的一系列过程链。该软件基于 Python 和 C 语言以及统计软件 R 开发，分为 Expert 和 Professional 两个版本，后者功能有所减少，主要通过图形用户界面操作，适用于从业人员使用。与大多数现有的计算工具相比，r.avaflow 具有以下特点：

(1) 采用两相相互作用模型，即固体与流体混合物模型。
(2) 适用于模拟不同复杂程度的过程链和相互作用。

(3) 明确考虑了挟带作用和沉积过程，即基底地形的变化。

(4) 允许定义多个释放质量体或水文过程线。

(5) 具备内置的验证、参数优化和敏感性分析功能。

r.avaflow开源软件包括采用Python编程语言进行数据管理、预处理和后处理任务的r.avaflow模块，采用C语言编写的流体演进r.avaflow.main子模块，以及采用Python和R语言进行统计分析和图形绘制的可视化功能等。软件的逻辑框架如图5-7所示。

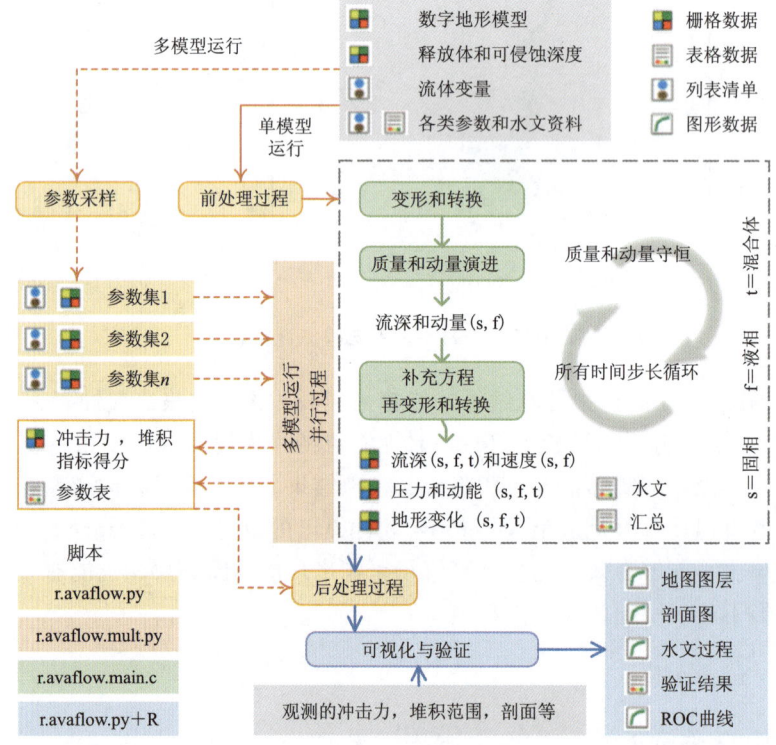

图5-7 开源软件r.avaflow逻辑框架（改自文献［12］）

r.avaflow软件采用NOC-TVD数值算法及Pudasaini提出的两相流简化模型[4]，针对非极快速流动采用运动平衡模型。相关控制方程和数值格式介绍可参考文献［4］和［14］。

5.2.3.2 算例分析

以新西兰坎特伯雷的阿刻戎碎屑流为例[14]，该碎屑流（见图5-8）大约发生在1100年前，其特点包括流动路径急剧弯曲、向侧谷扩散程度有限以及高流动性（移动距离：3550m；实测到达角度：11.62°）。模拟时采用分辨率为10m的数字高程数据，由航拍照片的立体匹配得出，结合实地调查和影像解译及相关公开的数据得到原始沉积区（ODA）和原始冲击区（OIA）。原始冲击区可能低估了实际影响区域，因为它可能排除了碎屑流的一些侧向和堆积区域，这些区域在现场已无法再辨认出来。物源释放和堆积厚度分布以及约 640 万 m^3 的估算释放量是根据事件前地形的重建得出的。根据这次模拟重建，碎屑流最大释放高度为 78.5m，最大堆积厚度约为 25.9m。

(a)

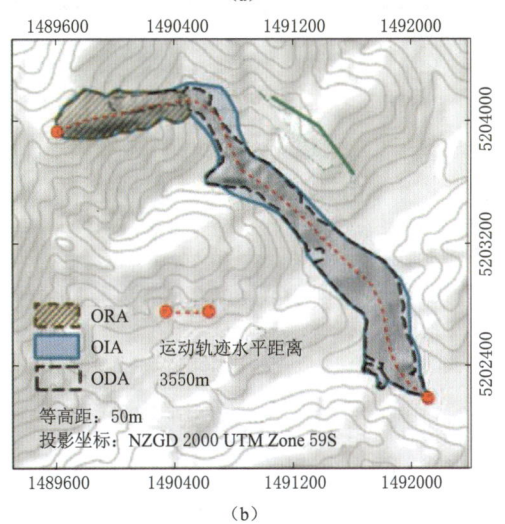

(b)

图 5-8　新西兰阿刻戎岩崩（文献 [12]）

初步测试表明，r.avaflow 的模拟结果对初始固相百分数 s_0 和基底摩擦角 θ 的变化敏感，这两个参数在许多实际应用中是不易确定的。

参考文献

[1]　LeVeque R J. Finite volume methods for hyperbolic problems [M]. Cambridge：Cambridge university press，2002.

[2] Navas-Montilla A, Murillo J. Overcoming numerical shockwave anomalies using energy balanced numerical schemes. Application to the Shallow Water Equations with discontinuous topography [J]. Journal of Computational Physics, 2017, 340: 575-616.

[3] Toro E F. Riemann Solvers and Numerical Methods for Fluid Dynamics: a practical introduction [M]. Berlin: Springer, 2009.

[4] Pudasaini S P. A general two-phase debris flow model [J]. Journal of Geophysical Research: Earth Surface, 2012, 117, F03010.

[5] Harten A, Lax P D, Leer B. On upstream differencing and Godunov-type schemes for hyperbolic conservation laws [J]. SIAM review, 1983, 25 (1): 35-61.

[6] Iverson R M, Reid M E, Logan M, et al. Positive feedback and momentum growth during debris-flow entrainment of wet bed sediment [J]. Nat. Geosci., 2011, 4: 116-121.

[7] Iverson R M, Logan M, LaHusen R G, et al. The perfect debris flow? Aggregated results from 28 large-scale experiments [J]. Journal of Geophysical Research: Earth Surface, 2010, 115 (F3).

[8] O'Brien J S, Julien P Y, Fullerton W T. Two-dimensional water flood and mudflow simulation [J]. J. Hydraul. Eng., ASCE, 1993, 119 (2): 244-261.

[9] O'Brien, J. S. Flo-2D user's manual, version 2006.

[10] 庄建琦, 崔鹏, 葛永刚, 洪勇. 降雨特征与泥石流总量的关系分析 [J]. 北京林业大学学报, 2009, 31 (4): 77-83.

[11] Ouyang C, He S, Xu Q, et al. A MacCormack-TVD finite difference method to simulate the mass flow in mountainous terrain with variable computational domain [J]. Computers & Geosciences, 2013, 52: 1-10.

[12] Ouyang C J, He S M, Tang C. Numerical analysis of dynamics of debris flow over erodible beds in Wenchuan earthquake-induced area [J]. Engineering Geology, 2015, 194: 62-72.

[13] Mergili, M., Pudasaini, S. P., 2014-2024. r.avaflow - The mass flow simulation tool.

[14] Mergili M, Jan-Thomas F, Krenn J, et al. r.avaflow v1, an advanced open-source computational framework for the propagation and interaction of two-phase mass flows [J]. Geoscientific Model Development, 2017, 10 (2): 553.